本书编委会

主　　编◎李仕超（宜宾学院）

　　　　　尹国亮（宜宾学院）

　　　　　张媛馨（宜宾学院）

副 主 编◎孔　艳（宜宾天原集团股份有限公司）

　　　　　刘安英（宜宾市第四中学校）

　　　　　濮　江（宜宾学院）

参编人员◎李仕超（宜宾学院）

　　　　　尹国亮（宜宾学院）

　　　　　张媛馨（宜宾学院）

　　　　　濮　江（宜宾学院）

　　　　　刘西川（宜宾学院）

　　　　　吴　静（宜宾学院）

　　　　　孔　艳（宜宾天原集团股份有限公司）

　　　　　刘安英（宜宾市第四中学校）

高等教育理工类"十四五"系列规划教材

宜宾学院2022年校级规划教材建设项目（JC202212）

计算机

在材料与化工中的应用

四川大学出版社
SICHUAN UNIVERSITY PRESS

图书在版编目（CIP）数据

计算机在材料与化工中的应用 / 李仕超，尹国亮，张媛馨主编 . — 成都：四川大学出版社，2022.12（2023.8 重印）

ISBN 978-7-5690-5810-9

Ⅰ . ①计… Ⅱ . ①李… ②尹… ③张… Ⅲ . ①计算机应用－材料科学②计算机应用－化学工业 Ⅳ . ① TB3-39 ② TQ-39

中国版本图书馆 CIP 数据核字（2022）第 228181 号

书　　名：计算机在材料与化工中的应用
　　　　　Jisuanji zai Cailiao yu Huagong zhong de Yingyong
主　　编：李仕超　尹国亮　张媛馨
丛 书 名：高等教育理工类"十四五"系列规划教材

丛书策划：庞国伟　蒋　玙
选题策划：蒋　玙　肖忠琴
责任编辑：肖忠琴
责任校对：蒋　玙
装帧设计：墨创文化
责任印制：王　炜

出版发行：四川大学出版社有限责任公司
　　　　　地址：成都市一环路南一段 24 号（610065）
　　　　　电话：（028）85408311（发行部）、85400276（总编室）
　　　　　电子邮箱：scupress@vip.163.com
　　　　　网址：https://press.scu.edu.cn
印前制作：成都完美科技有限责任公司
印刷装订：四川盛图彩色印刷有限公司

成品尺寸：185 mm×260 mm
印　　张：9.75
字　　数：233 千字

版　　次：2022 年 12 月 第 1 版
印　　次：2023 年 8 月 第 2 次印刷
定　　价：49.00 元

扫码获取数字资源

四川大学出版社
微信公众号

前　言

随着计算机软件和硬件的高速发展，计算机在各行各业都得到了广泛的应用，已与产业发展深度融合。化学化工行业也面临激烈的竞争与挑战，如何为企业发展培养更多的复合型人才已成为高校人才培养的难题。

笔者曾在能源化工行业从事工程技术管理和生产运行工作，亲身经历过大、中、小型能源化工项目，熟悉行业的人才需求状况。进入高校后，不断探索，了解高校特别是一般本科院校的人才培养模式。国家一直提倡产教融合，无论是课程设置，还是教材提供，都应面向产业发展，高等教育方法的改进要和产业发展同步进行。

"计算机在材料与化工中的应用"是一门实践性很强的课程，其以培养化学化工专业应用型、综合性人才为目标，主要介绍在行业中使用到的基础计算机知识、常用软件等。全书共 4 章。第 1 章为绪论，主要介绍计算机技术在化工行业的应用情况，包括互联网＋、智能制造等技术的情况和发展趋势。第 2 章为实验数据的图形化处理，主要介绍 OriginPro2019 的基本功能，应用 Origin 软件进行绘图和数据拟合回归等。第 3 章为 Excel VBA 入门与实践，主要介绍 Excel 的基本操作技能、VBA 脚本语言的基本语法、常用控制语句和常用函数，并提供多个实例。第 4 章为 Aspen Plus 入门与应用模拟，主要介绍大型流程模拟软件 Aspen Plus 的基本使用技能。

本书由宜宾学院材料与化学工程学部的李仕超、尹国亮、张媛馨主编，由宜宾天原集团股份有限公司安全和运营管理部孔艳、宜宾市第四中学校刘安英、宜宾学院濮江副主编，宜宾学院材料与化学工程学部刘西川、吴静参加了部分章节的编写。其中，第 1 章由孔艳编写，第 2 章第 1~3 节由刘西川编写，第 2 章第 4~5 节由尹国亮编写，第 3 章第 1~3 节由张媛馨编写，第 3 章第 4~7 节由李仕超编写，第 3 章第 8~9 节由濮江编写，第 4 章第 1~2 节由吴静编写，第 4 章第 3 节由刘安英编写。第 1 章由刘安英和濮江校稿，第 2 章由李仕超、孔艳校稿，第 3 章由尹国亮、张媛馨校稿，第 4 章由刘西川和李仕超校稿。宜宾学院教务处及材料与化学工程学部对教材的出版给予了大力支持。

本书为化学、化工、材料、环境、生物、制药、安全、冶金、过程控制等专业的师生提供参考，也可为企事业单位的工程技术和管理人员所使用。

本书在编写过程中，参考了大量的文献及教材，在此特表示感谢。参考文献中如有遗漏之处，敬请谅解。由于编者水平有限，不足之处在所难免，敬请广大读者及专家批评指正。

编　者

2022 年 9 月

目　录

第1章　概　论 ……………………………………………………………… 1

1.1　关于"互联网+"的研究 ……………………………………………… 1

1.2　制造企业智能化战略转型 …………………………………………… 2

第2章　实验数据的图形化处理 …………………………………………… 3

2.1　Origin 基础知识 ……………………………………………………… 3

2.2　数据录入 ……………………………………………………………… 7

2.3　Origin 绘图 …………………………………………………………… 14

2.4　图形输出 ……………………………………………………………… 32

2.5　数据拟合 ……………………………………………………………… 37

第3章　Excel 和 VBA 入门与实践 ……………………………………… 43

3.1　Excel 概述 …………………………………………………………… 43

3.2　Excel 2019 新增功能介绍 …………………………………………… 43

3.3　设置 Excel 2019 工作环境 ………………………………………… 48

3.4　工作表基本操作 ……………………………………………………… 49

3.5　工作表页面布局与打印设置 ………………………………………… 58

3.6　Excel 公式和函数 …………………………………………………… 71

3.7　Visual Basic for Application（VBA）入门 ………………………… 96

3.8　处理录制的宏 ………………………………………………………… 100

3.9　VBA 编程示例和技巧 ………………………………………………… 102

第4章　Aspen Plus 入门与应用模拟 …………………………………… 106

4.1　化工过程模拟技术 …………………………………………………… 106

4.2　Aspen Plus …………………………………………………………… 106

4.3　使用 Aspen Plus 进行过程模拟的应用实例 ……………………… 131

参考文献 …………………………………………………………………… 148

第1章　概　论

在信息技术高速发展的今天，数据信息化的应用已遍布各行各业，就材料化工类专业而言，利用计算机编写相关程序来处理复杂的化工数据，能快捷、高效地对数据进行分析。

2021年《政府工作报告》将"推进产业结构低碳转型"作为积极稳妥地推进碳达峰、碳中和的重点工作之一，并提出推动新兴技术与绿色低碳产业深度融合，切实推动产业结构由高碳向低碳、由中低端向高端转型升级。

近期，相关政策部署持续加码，推动5G、工业互联网等新兴技术赋能传统产业绿色低碳发展。

工信部在中华人民共和国国务院新闻办公室新闻发布会上表示，将稳妥有序推进工业绿色低碳转型，其中将实施制造业绿色低碳转型行动，发布绿色低碳升级改造导向目录，引导做好重点行业绿色低碳升级改造，推进重点行业和领域低碳工艺革新和数字化转型。国资委发布《关于推进中央企业高质量发展做好碳达峰碳中和工作的指导意见》明确，推动互联网、大数据、人工智能、5G等新兴技术与绿色低碳产业深度融合。

相关政策体系也将进一步完善。根据《"十四五"工业绿色发展规划》要求，相关部门正聚焦钢铁、有色金属、石化化工、建材等重点行业，研究编制"工业互联网+双碳"实施方案，指导利用工业互联网、大数据、5G等新一代信息技术提升能源、资源及环境管理水平，深化生产制造过程中的数字化应用，赋能绿色制造。

"十四五"期间，将更加注重数字化技术对工业绿色发展的引领作用，从夯实数据基础、加快数字化改造、培育应用场景三个方面，推动数字经济的新优势转化成为工业绿色低碳转型的新动能。工信部表示，将利用5G、工业互联网、云计算等新一代信息技术，与产品设计、生产制造、使用、回收利用等环节深度融合，推动企业、园区实施全流程、全生命周期精细化管理，带动能源资源效率系统提升。将加快面向节能、降碳、节水、减污、资源综合利用等重点领域，培育一批典型应用场景，推广标准化的"工业互联网+绿色制造"解决方案。

1.1　关于"互联网+"的研究

理论上对于"互联网+"已经形成两种观点：①将其视作推动产业融合的方法或技术，具体表现为以互联网为主的一整套信息技术（移动互联网、云计算、大数据和互联网思维）对企业发展各环节进行融合、渗透、延伸、演进；②将"互联网+"看作新兴经济形态，对组织创新与战略变革产生了深远影响。在实践领域，"互联网+"已渗透各行业，催生出新的生产要素、动态能力和商业模式，强大的融合力与创造力使其成为经济发展的重要影响因素。

"互联网+"影响机制的关键在于"+",其至少包含3层含义：①建立连接、取长补短、深度融合；②其本质是信息互联与价值开发，能够迅速融入供应链各环节，改变组织职能与运营逻辑；③"互联网+"本身也是企业重要的战略抉择，具有竞争优势导向。"互联网+"为企业带来新的文化氛围，使组织环境从金字塔式的命令控制变成立体式网状的互动沟通，在物联网、大数据和云计算等新一代信息技术支撑下，"互联网+"在资源优化配置、生产和组织变革等方面具有天然的优势，能够显著降低资源错配的概率，并减少交易损失。

1.2　制造企业智能化战略转型

目前，智能化战略主要被视为帮助组织或行业从传统走向智慧的策略。例如，2019年联想宣布"智慧中国"的愿景，围绕智能物联网、智能基础架构、行业智能3个方向全面推进智能化战略；华为则将"联接+计算+云"视为智能化战略的核心。从上述企业战略举措中不难发现，智能化战略的核心要素包括以下3点：①全要素连接，即能够抓取全局，所有设备都可以实时互联；②全数据收集，即打破数据孤岛，形成立体化数据库；③智慧管理与服务，即利用先进数据分析技术与协同优化能力，实现所有数据按需存储、按需计算以及主动服务。由此，本教材将智能化战略定义为：组织或行业借助先进互联网技术及其配套成果，将其应用于全生命周期与价值链各环节中，对产品单元、业务单元、企业整体和产业环境实现智慧化管理。

制造企业智能化战略转型是新一代人工智能技术与制造流程的有机结合，赋能企业生产经营系统，使工业机器拥有自感知、自决策、自适应、自执行等智慧能力，从而实现其对人脑与体力的替代。制造企业智能化体现在智能产品研发、智能生产制造和智能营销管理等方面，中国制造企业智能化战略转型包括智能技术、智能应用和智能效益3个环节。

（1）以资源要素为基础。数据资源作为"互联网+"时代最具代表性的资源，制造企业智能化战略转型成功的关键就是将数据转化为能够满足社会需求及符合商业逻辑的战略资产；以企业主体为基础，分析发现制造企业的主体资源、优势资源以及知识库是驱动智能化转型的关键。

（2）以核心能力为支撑。在高端装备制造业成长过程中，技术创新是推动制造向"智造"转型的关键，将人才建设、技术创新、数字化能力以及现代信息技术服务业嵌入等看作实现智能化战略转型的关键，企业柔性化能力是驱动我国汽车制造企业智能化战略转型升级的核心能力。

（3）以系统创新为框架。环境、战略和组织只有协调一致、相互适应，才能有效提高企业效益。智能化战略转型是制造企业为应对动态环境而采取的新战略，其在工作方式、客户关系、渠道管理以及盈利模式等方面均有重大改变。从上述角度出发，制造企业智能化战略转型是事关企业全局的战略行为。

第 2 章　实验数据的图形化处理

2.1　Origin 基础知识

Origin 最初是一个专门为微型热量计设计的软件工具，是由 MicroCal 公司开发的，主要用来将仪器采集到的数据作图，并进行线性拟合及各种参数计算。1992 年，Microcal 公司正式公开发布 Origin，公司后来改名为 OriginLab。Origin 是美国 OriginLab 公司开发的图形可视化和数据分析软件，支持在 Microsoft Windows 下运行，是科研人员和工程师常用的高级数据分析和制图工具。由于其操作简便、功能开放，很快就成为国际流行的分析软件之一，是公认的快速、灵活、易学的工程制图软件。Origin 支持各种各样的 2D/3D 图形绘制，其数据分析功能包括统计、信号处理、曲线拟合及峰值分析。

2.1.1　Origin 主界面

图 2.1 是 OriginPro 2019b 主界面，图 2.2 为 Origin 界面的主要窗口介绍，其对 Origin 的主要子窗口进行了标示。尽管 Origin 经历了多次更新换代，功能有所变化和增加，总的来说各个版本的 Origin 的界面窗口的规划布局都是一脉相承的，具有较好的辨识度。

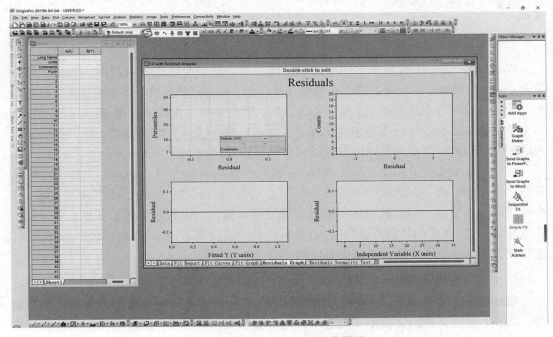

图 2.1　OriginPro 2019b 主界面

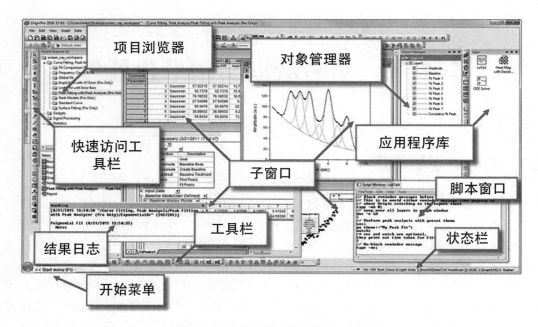

图 2.2　Origin 界面的主要窗口介绍

Origin 的操作使用主要是在各子窗口中进行的，下面对各子窗口进行简单的介绍。

2.1.2　Origin 子窗口

除 Origin 的主窗口外，实际操作过程都是在各个子窗口中进行的，其中最重要的是多工作表工作簿（Workbooks）窗口（用于导入、组织和变换数据）和图形（Graph）窗口（用于作图、拟合和分析）。

1. 多工作表工作簿窗口

Workbooks 是 Origin 最基本的子窗口，其主要功能是组织和处理数据，包括数据的导入、录入、转换、分析等，最终数据将用于作图。Origin 中的图形除个别特殊情况外，均与数据具有一一对应的关系。运行 Origin 后，看到的第一个窗口就是 Workbooks 窗口。一个 Workbooks 窗口可以支持多达 121 个工作表，每个工作表最多支持 100 万行和 1 万列的数据，每列可以设置合适的数据类型并加以注释说明。

默认的标题是"Book1"，通过鼠标右键单击标题栏中选择"Rename"命令可将其重命名。A、B、C、D 是数列的名称，X 和 Y 是数列的属性：X 表示该列为自变量，Y 表示该列为因变量，双击数列的标题栏可改变这设置，可以在表头加上名称、单位、备注或其他特性，其中的数据可直接输入，也可从外部文件导入，或通过编辑公式换算获得，这些操作的具体方法在后面章节中有详细介绍。

2. 多工作表矩阵（Matrix）窗口

Matrix 窗口与 Workbooks 窗口外形相似，也是一种组织和存放数据的窗口。不同的是，Matrix 窗口只显示 Z 数值（向量），没有显示 X、Y 数值，而是用特定的列和行来表示 X 和 Y，常用来绘制等高线、3D 图和三维表面图等。其列标题和行标题分别用对应的数字表示，通过 Matrix 窗口菜单下的命令可以进行矩阵的相关运算，也可以通过 Matrix 窗口直接输出各种三维图表。在 Origin 中可通过"Worksheet""Excel Workbook"等转换得到对应的 Matrix 数据，或者由第三方软件获得三维数据。

3. 图形窗口

Graph 是 Origin 中最重要的窗口，是将实验数据转变成科学图形并进行分析的空间，用于图形的绘制和修改。Origin 有 60 多种作图类型可供选择，以适合不同领域的特殊作图要求，也可以很方便地定制图形模板。一个 Graph 窗口是由一个或多个图层（Layer）组成的，默认的 Graph 窗口拥有第 1 个图层，每个图层可以包含一系列的曲线和坐标轴，还可以包含注释、箭头及数据标注等多个图形对象，如图 2.3 所示。

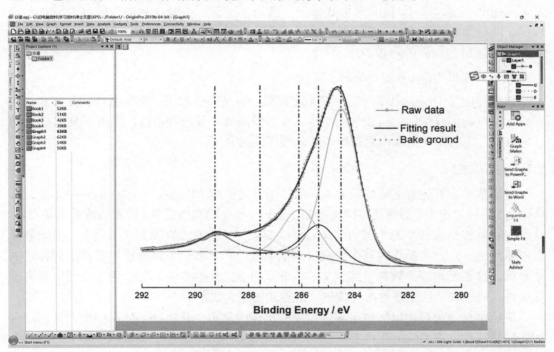

图 2.3　OriginPro 2019b 的 Graph 窗口

下面以 Line（直线型）作图类型为例简述作图过程：将数据导入"Workbook"中，共有 3 列数据，Origin 默认第一列为 X 轴数据，即自变量，其余为 Y 轴数据，即因变量；可以在"Plot Setup"对话框中对每列数据的 X 和 Y 属性进行设置，或选取一列数据点击鼠标右键对其 X 和 Y 属性进行设置。

设置好后，选择"Workbook"中的所有数据，打开"Plot"菜单，在工具栏上选择并点击鼠标右键选中任意一种方法，点击"Line"选项，即可生成图形。

由于有 1 个 X、2 个 Y 的数值，因此得到的图有两组曲线，Graph 窗口默认名称为"Graph1"，同样通过"Rename"命令可进行重命名。本例中用直线型图显示各组曲线，也可以改成其他类型，如 Scatter（散点）、Line+Symbol（点线）型等，对点、线的大小、颜色、形状等属性也可重新设定。系统默认只显示左、下两坐标轴，右、上两坐标轴可在属性对话框中修改使之呈现，通过双击坐标轴可重新设定刻度大小、间隔、精密度等，坐标轴名称也可即时修改。图形编辑、美化流程将在后面章节中进行详细描述。

4. 版面布局设计（Layout Page）窗口

Origin9.0 中的 Layout Page 窗口是用来将绘出的图形和工作簿结合起来进行展示的窗口，并能组织、显示工作簿和图形以方便排版输出。当需要在 Layout Page 窗口展示图形和工作簿时，通过执行菜单命令"File → New → Layout"，或单击标准工具栏中的按钮，在该项目文件中新建一个 Layout Page 窗口，再在该 Layout Page 窗口中添加图形和工作簿等。在 Layout Page 窗口里，工作簿、图形和其他文本都是特定的对象，除不能进行编辑外，可进行添加、移动、改变大小等操作。用户通过对图形位置进行排列，可自定义 Layout Page 窗口，以 PDF 等格式输出，常用于图形、注释、数据等的混合编排。当 Layout Page 为当前窗口时，通过点击"Layout → Add Graph 或 Add Worksheet"，可将图形、数据表添加到 Layout Page 窗口中。

5. 函数作图（Function Graphs）窗口

函数作图是 Origin 中唯一的一种无需数据，而是直接利用函数关系作图的方式，在"Filenewfunction Plot"中可以绘制二维、三维的函数以及函数功能，类似于 MATLAB 的"Funtool"工具箱，具体内容在作图部分再作详细介绍。

2.1.3　菜单栏

关于菜单，首先要注意的是 Origin 的"上下文敏感（Context Sensitivity）"菜单，即 Origin 在不同情况下（如激活不同类型的子窗口）会自动调整菜单（隐藏或改变菜单项）。这种变化其实是有必要的（因为操作对象改变了，处理的内容和方法不同），但如果没有注意到这一点，在操作时就会出现一定的混乱，初学者会发现自己经常找不到特定的菜单项。这主要是因为软件是纯英文的，涉及很多陌生的专业名词，而当前版本具有汉化插件，通过安装这个插件汉化软件，能够让使用者快速上手。

快捷菜单即用户用鼠标单击某一对象时出现的菜单，其在 Windows 中被大量使用以加快操作速度，在 Origin 中也有大量的快捷菜单（当然也是上下文敏感菜单），这大大方便了使用者。

2.1.4　工具栏

与菜单和快捷菜单一样，工具栏也是提供软件功能的快捷方式。Origin 中有各种各样的工具栏，对应不同的"功能群"。由于工具栏的数量较多，如果全部打开会占用太多软件的界面空间，因此通常情况下会根据需要打开或将其隐藏。第一次打开 Origin 时，界面上已经打开了一些常用的工具栏，如"Standard""Graph""2D Graph""Tools""Style""Format"等，这些是最基本的工具，通常是不关闭的。为了打开其他的工具栏，要通过选择菜单"View → Toolbars"或者直接按下快捷键"Ctrl+T"进行定制，通过打钩的方式选择工具栏。选中"Show Tool Tip"，则将光标置于某个按钮上，将出现此按钮的名称；"Flat Toolbars"表示显示平面的按钮，在"Button Groups"选项卡中，可以将任意一个按钮拖放到界面上，从而可以按照需要设定个人风格的工具栏。

2.2　数据录入

科学作图和数据分析的数据通常来自其他仪器或软件的输出，有些数据量是非常大的，直接在电子表格中录入数据并不是一种有效的数据输入方式。因此，将数据导入 Origin 中进行变换和处理是很有必要的，Origin 中关于数据导入和变换有很多的处理功能。

实验数据，或者说 Windows 系统上的文件按照数据格式可以分成三大类：

第一类是典型的 ASCII 文件，即能够使用记事本软件打开的普通格式文件，这类文件以每一行作为一个数据记录，每行之间用逗号、空格或 Tab 键作为分隔。这类数据格式是最简单和最重要的，通常大部分仪器软件会支持 ASCII 格式文件的导出。因此，这种格式最为重要和常见，本书主要介绍 ASCII 格式文件的数据处理。

第二类是二进制（Binary）文件。这类文件与 ASCII 文件不同，首先是其数据的存储格式为二进制，因此普通记事本打不开。其优点是数据更紧凑，文件更小，便于保密或记录各种复杂信息，因此大部分仪器软件采用的专用格式基本都是二进制文件。其次是这类格式文件具有特定的数据结构，由于每种文件的结构并不相同，因此只有在打开者能够确定其数据结构的情况下才能导入。一般情况下，还是尽量使用具体的仪器软件导出 ASCII 格式数据，再将 ASCII 格式数据导入 Origin 中，从而避免直接导入二进制格式数据。但有部分特殊格式是可以选择直接导入而无需再导出 ASCII 格式的，这部分格式就是 Origin 能够直接接受的第三方文件格式。

第三类可以统称为数据库文件，即从技术上能够通过数据库接口 ADO 导入的数据文件，其范围相当广泛，如传统的数据库 SQL Server、Access、Excel 数据文件等。导入这类文件时，可以选择性地导入，即先"查询（Query）"进行筛选，再导入，Origin 中提供了数据库的查询环境。

除了从数据文件中导入数据，还可以利用粘贴板中的数据，这主要是为了方便 Origin 与其他软件进行直接的数据交换和共享。如果其数据结构特别简单，则可以直接在 Origin 的数据表中进行粘贴即可，如果数据结构复杂，则需要特别加以处理。一个简单的导入数据的方法是使用 Windows 平台常用的拖拉放操作，即把数据文件直接拉入数据窗口中实现导入。数据导入的主要步骤是：①根据数据文件格式选择正确的导入类型；②采用正确的数据结构对原有数据进行切分处理，获得各行各列的数据；③根据具体情况设定各数据的列格式。下面对 ASCII 文件的导入方法做具体介绍。

2.2.1　手动输入

ASCII 格式是 Windows 平台中最简单的文件格式，常用的扩展名为"*.txt"或"*.dat"，几乎所有的软件都支持 ASCII 格式的输出。ASCII 格式的特点是：由普通的数字、符号和英文字母构成，不包含特殊符号，一般结构简单，可以直接使用记事本打开。实验数据由行和列构成，行代表一条实验记录，列代表一种变量的数值，列与列之间采用特定的符号隔开。典型的符号包括逗号、空格和制表符（Tab）等。接下来具体介绍 ASCII 格式数据的导入方法。

对于非常简单的数据，可以在数据框里手动输入，但是对于非常简单的 ASCII 数据文件，找到文件的所在文件夹，点击鼠标左键将其拖入打开的软件中，如图 2.4 所示。

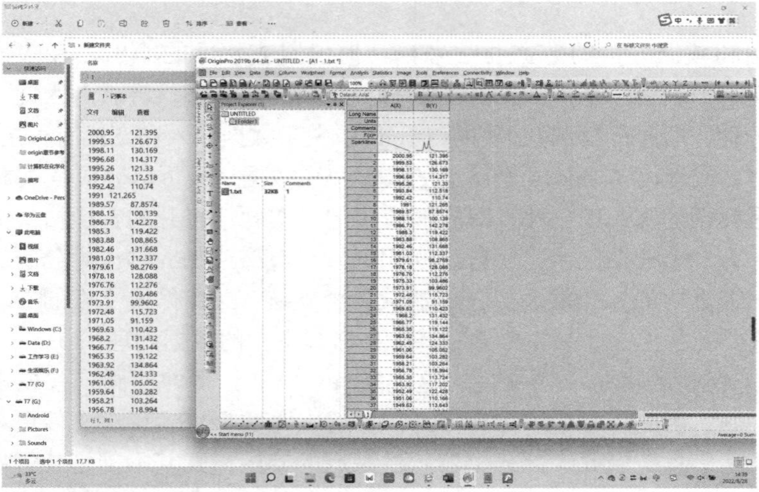

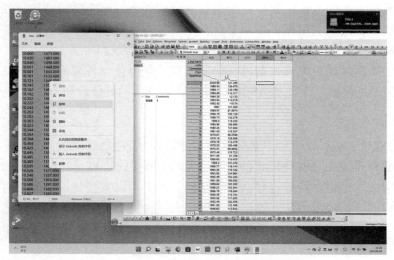

图 2.4　OriginPro 2019b 拖入数据操作

需要注意的是，本例中打开的 OriginPro 2019b 中有一个空白的"Workbook"，Origin 会自动识别拖入的数据并填充到"Workbook"中。如果主窗口中没有"Workbook"或者将文件拖拽到项目管理器区域，项目管理器会自动生成一个新的工作簿，并把拖入的数据填充进去。如果主窗口有"Workbook"表单且其已经被填充了其他数据，则原有的数据将被拖入文件中的数据覆盖，如果不希望其被覆盖，则需要新建一个空白的"Workbook"。

2.2.2　通过剪贴板复制粘贴导入

如图 2.5 所示，将需要导入的数据复制到剪贴板中，在工作簿中需要导入的位置右键点击后选择粘贴即可。

图 2.5　OriginPro 2019b 中数据复制粘贴操作

2.2.3　由数据文件导入

有些 ASCII 文件有附加信息，直接拖拽容易产生错误，这时就需要用 Origin 的导入功能。如果使用 OriginPro 2019b 之前的版本，采用两种方式处理 ASCII 文件的导入，分别对应菜单中"File → Import → Single ASCII"和"File → Import → Multiple ASCII"命令项，前者一次只能导入单个文件，后者一次可以导入多个文件。更复杂的数据导入则需要使用导入向导"Import Wizard"。在 OriginPro 2019b 中，这一功能在"数据（Data）"菜单中，使用菜单命令"Data → Import from File → Single ASCII/Multiple ASCII"，如图 2.6 所示。

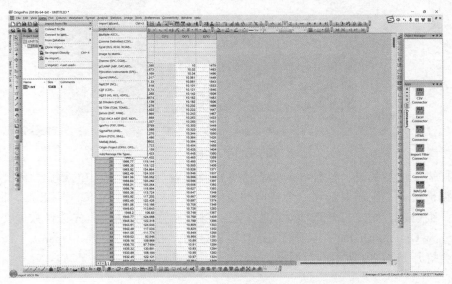

图 2.6　OriginPro 2019b 导入数据文件方法

或者单击快捷工具栏上的导入按钮（图 2.7），图 2.7 中的 3 个按钮分别对应"Import Wizard（导入向导）""Import Single ASCII（单文件导入）"和"Import Multiple ASCII（多文件导入）"。

图 2.7　数据导入快捷工具栏

以单文件导入为例，通过使用菜单命令"Data → Import from File → Single ASCII"或直接点击快捷工具栏上的"Import Single ASCII"按钮，即可打开如图 2.8 所示的对话框。在弹出的对话框中，找到文件所在目录，双击需要的文件或点击"打开（Open）"按钮，即可将文件导入 OriginPro 2019b 中，软件会尝试识别文件格式、分隔符、附加信息等，并给数据文件添加"Sparklines"简略图。如果在正确的路径下找不到需要的文件，则需要检查文件类型是否正确，并从下方的下拉菜单中选择正确的文件类型或所有文件。

图 2.8　单文件导入

同样需要注意的是，这种导入的默认参数会覆盖当前数据表中的数据，因此如果不希望数据被覆盖，则需要新建一个空白的表格。如果文件格式简单，直接导入即可，如果希望详细设置，则要打开选项对话框。打开参数设置的方法是：先选择数据文件，然后在"Show Options Dialog"选项前的选择框里打钩，再单击"打开（Open）"按钮，此时软件会打开如图 2.9 所示的对话框。

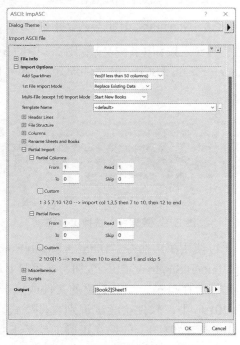

图 2.9　ASCII 数据导入选项

通过这个对话框可以对想要导入的文件进行各种详细处理参数的设置，但内容比较复杂，对其中输入选项内容的说明如下：

（1）"Add Sparklines（增加简略图）"：建议采用默认选项，即少于 50 个数据自动增加。

（2）"1st File Import Mode（第一个文件导入模式）"和"Multi-File（Except 1st）Import Mode［多文件（第一个除外）导入模式］"：导入模式包括替换原有数据、新建工作表、新建工作表单、添加新列、添加行 5 种操作，尤其是替换原有数据，如果选择此选项，一定要确定当前表单处于空白状态或者其中的数据已经用完，可以被替换、覆盖。

（3）"Header Lines（标题行）"：数据输入选项—标题行如图 2.10 所示。其中有"Auto Determine Header Lines（自动确定标题行）"，如果选中这个选项即表示让软件自动检测仪器相关信息和数据结构；"Line Number Start from Bottom（从底部开始计算行序号）"，表示行号计数从后向前数（正常情况下当然是从前向后数，即开头第一行行号为 1，从后数是为了处理某些特殊格式）；"Number of Subheader Lines（副标题行数）"，表示数据结构（数据定义）的行数；还有"Long Names（长名称）""Units（单位）""Comments From/To（注释）""System Parameters From/To（系统参数）""User Parameters From/To（用户参数）""Composite Header Line No.（组合标题行号）"。这些参数通常由软件根据情况将其设为空白或自动生成默认值。

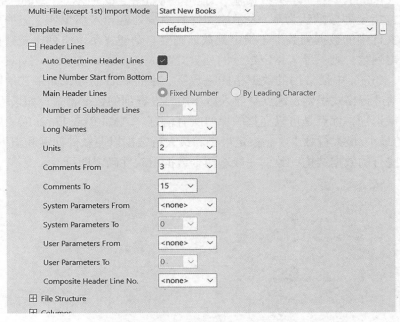

图 2.10 数据输入选项—标题行

（4）"File Structure（文件结构）"：数据输入选项—文件结构如图 2.11 所示。主要有"Data Structure（数据结构）"，数据结构包括固定列宽和分隔符两种。固定列宽指每行数据按照指定的列宽划分为若干列，选择这种格式时必须输入指定的列宽度，单位是字符；分隔符包括"Unknown（未知）""Comma（逗号）""Tab""Space（空格）"和"Other（其他）"。选择分隔符时，首先要确定文件使用的是哪种分隔符，包括"逗号""Tab""空格"，如果不能确定也可以选择"未知"，软件就会根据文件情况自动识别有效分隔符，当选择了"未知"选项时，可以在其下方的输入栏中输入可能的分隔符，软件就会优先猜测你输入的分隔符。当然，知道文件使用的是哪种分隔符是最理想的情况，如果所使用的不是这几种分隔符，还可以选择"其他"，然后在下方输入栏里自行输入使用的分隔符种类。

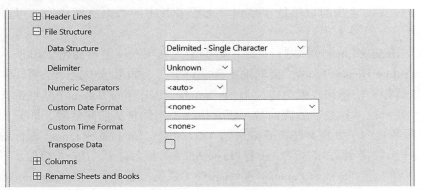

图 2.11　数据输入选项—文件结构

（5）"Columns（列）"：数据输入选项—列如图 2.12 所示。"Number of Columns（列数）"，指定列数默认为 0，表示原文件有多少列就导入多少列。但如果指定了列数，若数据文件中的数据列数少于指定列数，则会自动建立多个空列；若数据文件中的列数多于指定列数，则只导入指定数量的列。"Auto Determine Column Types（自动确定列类型）"，Origin 中最常用的数据格式是数字、字符和日期等，如果选中本选项，则由 Origin 自动进行格式识别，优点是导入后不用再设置列的数据格式；如果不选中此项，则导入时不做识别，优点是可以完整的保留所有信息。"Min/Max Lines for Data Structure（数据结构的最小/最大行数）"，指定最小和最大行数据以便软件搜索和识别数据结构，即要保证这些行的数据结构一致，一般这两个数据由软件确定即可。

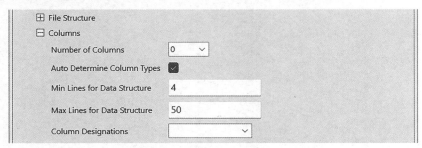

图 2.12　数据输入选项—列

（6）"Rename Sheets and Books（重命名工作表和工作簿）"：数据输入选项—重命名工作表和工作簿如图 2.13 所示。可以勾选自动使用文件名重命名，也可以如图 2.13 所示，勾选部分文件名重命名工作簿。一般情况下此部分按照默认设置使用即可。

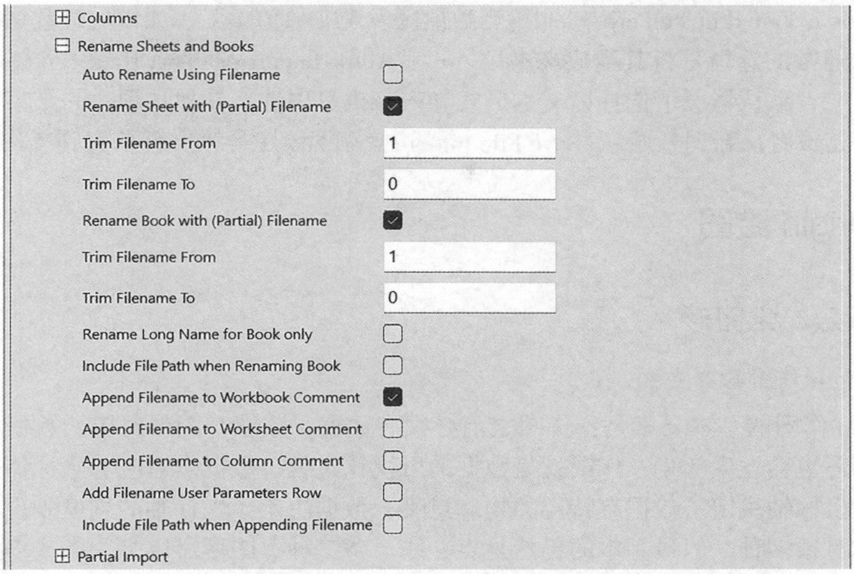

图 2.13　数据输入选项—重命名工作表和工作簿

（7）"Partial Import（部分导入）"：数据输入选项—部分导入如图 2.14 所示。可以在对话框展开选项中指定从第几行到第几行开始导入，或是从第几列到第几列开始导入，还可以通过自定义选项选择跳过几行或几列的数据，或者选择连续导入多少行，再跳过，再导入，重复设定直到某一行结束。

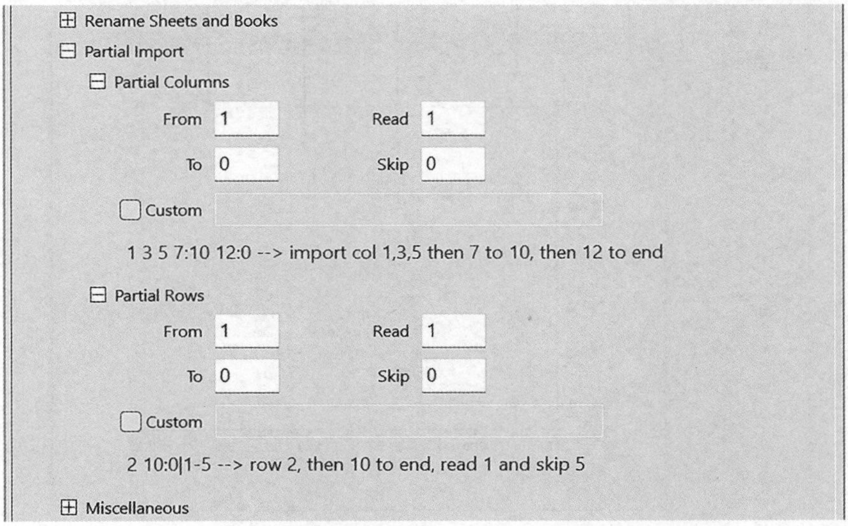

图 2.14　数据输入选项—部分导入

（8）"Miscellaneous（其他选项）"：主要包括："Text Qualifer（文本限定符）"，如果将文本限定符勾选为双引号或单引号，还可以使用下一个选项；"Remove Text Qualifier from Quoted Data（从引用数据中移除文本限定符）"；"Remove Leading Zeros from Numbers（移除数据的前导零）"，表示是否删除移除数据的前导零；"When

Nonnumeric is Found in Numeric Field（当数值区发现非数值）"，如何处理数据域的非数据数值，通常的选择是将其当成文本读入；"Allow Import All Text Data（允许导入全文本数据）"，默认情况下选择以文本形式导入，也可以选择其他选项——结束导入、从新表单开始或者从新列开始；"Save File Info. in Workbook（导入文件信息到工作簿中）"。

2.3 Origin 绘图

2.3.1 单层二维图形

1.Origin 作图基本要素

Origin 作图的基本要素是：作图之前必须有数据，数据与图形对应，数据一旦发生变化，图形也会发生变化，作图就是数据的可视化过程；数据点对应着坐标体系，也即坐标轴，坐标轴决定了数据有特定的物理意义，数据决定了坐标轴的刻度表现形式；图形的形式有很多种，但最基本的仍然是点、线、条三种；图形可以是一条或多条曲线，这些曲线对应着一个或多个坐标轴（体系）。Origin 中的图形指的是绘制在 Graph 窗口中的曲线图，即建立在一定坐标体系基础上的，以原始数据点为数据源的，由点（Symbol）、线（Line）或柱（Column）组成的图形。前面介绍过 Graph 窗口，每个 Graph 窗口都由页面、图层、坐标轴、文本和数据相对应的曲线构成。Origin 的 Graph 窗口如图 2.15 所示。

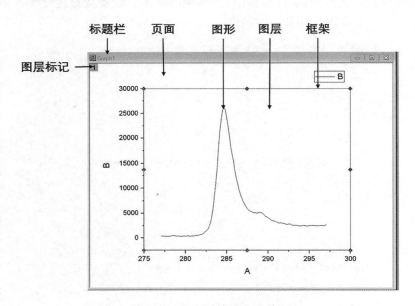

图 2.15　Origin 的 Graph 窗口

Graph 窗口的页面是一个可编辑页面，页面作为绘图的图布，可以理解为一个绘图空间，包括图层、坐标、坐标轴、文本等，用户可以根据需要修改这些内容。在页面空白处单击右键，选择"Properties（属性）"命令，在弹出的对话框中可对相关属性进行设置，如可以设置页面的表现形式和大小等。

Graph 窗口的图层包含 3 个要素：坐标轴、数据曲线（点）及与之相关的文本、图例。Graph 窗口中最多可包含 50 个图层，图层是透明的，可以相互重叠，在页面的左上角以灰色的小图案标记，图 2.15 中只有一个图层，因此图层标记为"1"。每个 Graph 窗口都至少有一个图层，单击图层标记可在不同的图层之间进行切换，也可直接用鼠标选择不同曲线，从而直接选择图层。通过"View → Show → Active Layer Indicator"命令，即可将当前图层高亮显示出来，这在编辑多个图层时会比较方便。

另外，Graph 窗口中还有"Frame（框架）"，"Frame"是与坐标轴相连或重合的长方形框，通过"View → Show → Frame"命令可以显示或者隐藏图层框架。还有"Plot（图形）"，即基于数据呈现在 Graph 窗口上的图形。

2. 单层二维图形作图操作

导入数据，导入方法前面已作详细介绍。导入数据后选中需要操作的数据列，选中两列数据，一列 X，一列 Y。

选中数据后使用菜单命令"Plot → Basic 2D → Line/Line+Symbol"，或者点击快捷工具栏的"Line"或"Line+Symbol"按钮，二维图形作图操作方法如图 2.16 所示，本例选择"Line"作图。

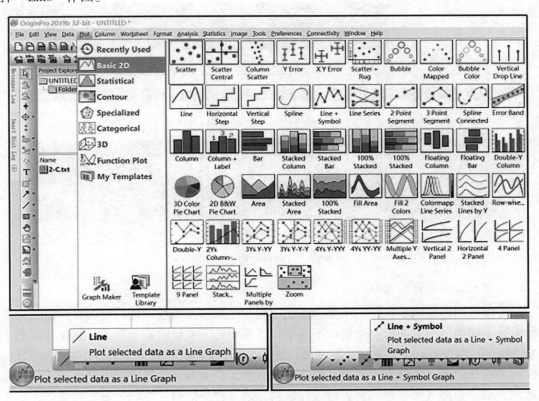

图 2.16 二维图形作图操作方法

作图的步骤首选是选择数据，通过鼠标拖动或使用组合键（"Ctrl"键表示单独选取、"Shift"键表示选中区域），通常是以列为单位选取（也可以只选取部分行的数据），列要设定自变量和因变量,通常最少要有一个X列,如果有多个Y列则自动生成多条曲线,如果有多个X列则每个Y列对应左边最近的X列。其次是选择作图类型,典型的是点、线图,作图时系统自动缩放坐标轴以便显示所有的数据点,由于是多条曲线,系统会自动以不同图标和颜色显示,并根据列名自动生成图例(Legend)和坐标轴名称。

如果在不选中任何数据的情况下,执行以上作图命令,软件会弹出"Plot Setup(图形设置)"对话框以便进行详细设置(图2.17)。在这个对话框里,顶部可以选择数据来源,即电子表格(工作表);中间部分,左边可以选择"Plot Type(图形类型)",右边可以设置列属性(如X、Y、Z属性)。设置好上面两部分后,单击"Add(添加)"按钮,可以把图形添加到底部的列表中,在底部列表可以进一步进行详细设置,如设置绘图的数据点范围等。最后,单击"OK"按钮,即可生成图形。

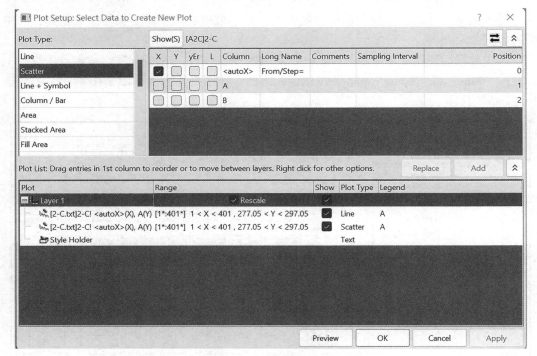

图2.17 "图形设置"对话框

3. 单层二维多曲线图形

多曲线图形指的是在同一个坐标体系中同时绘制多条曲线,这与后面要介绍的多层图形是不同的,多层图形是绘制在不同坐标体系中的。要绘制多条曲线,意味着有多个Y轴数据且至少有一个X轴数据。此外,这些X轴、Y轴的数据刻度范围不能相差太远。绘制多曲线图形有3种方式。第一种是选中多个Y列数据(X列数据可以不选,软件会自动识别),再选择一种数据类型进行绘制。第二种是使用"Plot Setup"对话框,定义多个Y列。这两种方法可以快速绘制多曲线图形,且会自动定义为组(Group)。第三种方法是使用"Layer Contents(层内容管理)"对话框进行管理,具体方法是用鼠标右键单击层标签出现快捷菜单栏,然后选择"Layer Contents",如图2.18所示。

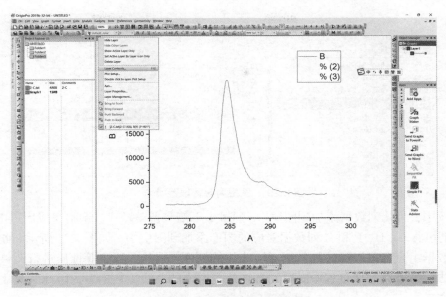

图 2.18 调用图层内容管理器

点击"Layer Contents"后，弹出对应的设置对话框（图 2.19）。对话框分为左右两个部分，左边是该文件夹所有工作簿中可用的数据，特指 Y 列，且按照数据本身的顺序从上往下排列，X 列无需指定，Y 列会自动找到左边最接近的 X 列。此例中只有一个工作簿（2–C），如果有多个工作簿，所有数据都会按顺序显示在左边。右边是当前图层中已经选中的数据，此列数据在左边加黑显示，表示已经被选择到图层中。选中其中的数据，可以利用中间的向左、向右按钮将数据从左边移动到右边，或者从右边移动到左边，实现动态地添加或删除数据。此例中，我们将 C、D、F 和 H 列数据添加到图层中（从左边移动到右边），如图 2.20 所示。右边上面的"Group/Ungroup"按钮用于将当前选中的多个数据列定义成组或取消组的设置，选定"Layer Contents"中的多个数据列，如果设定成"Group"，则这些数据列前面会增加"g"标志，表示组合到一起；"Ungroup"按钮旁边向上或向下的按钮用来调整数据列的顺序。右边下面的按钮，其中"OK"代表设定完毕并确认，"Cancel"代表放弃本次设定。"Layer Properties"用于设置层属性，"Plot Setup"用于对曲线进行设定。

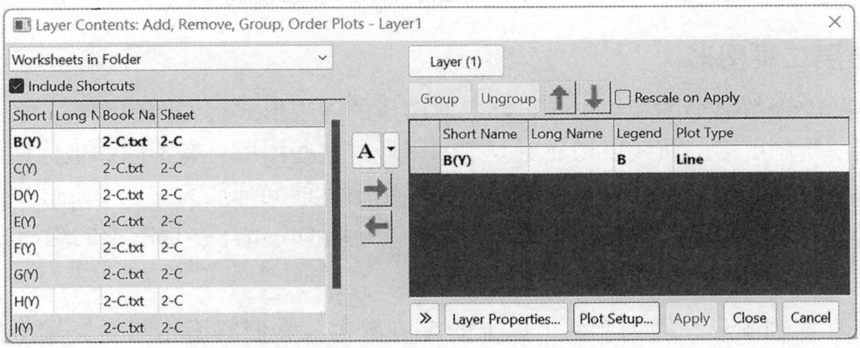

图 2.19 图层内容管理器对话框

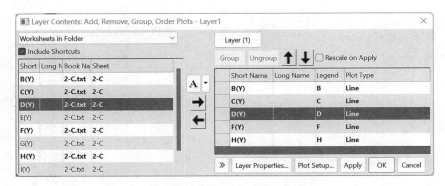

图 2.20　图层内容管理器操作

　　此例中，将几列数据添加到图层中，通过上下箭头调整顺序，调整完成后点击"OK"按钮，就可将 C、D、F 和 H 列数据对应的图形添加到图层中，如图 2.21 所示。此例中，没有使数据组合，可以对每列数据对应曲线的颜色、形状、线型等性质进行调整。利用这个方法，可以在操作过程中随时动态地改变层上的曲线（数据），因此其是比较重要的作图方式。

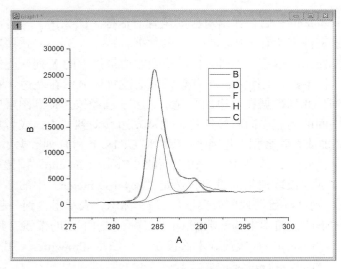

图 2.21　利用图层内容管理器添加数据

2.3.2　多层二维图形

　　在实际处理数据绘图过程中，可能会对图形的表现形式有不同的要求，如在同一个绘图空间中绘制更多的曲线以构成更复杂的图形，这些图形具有不同的坐标体系或不同的大小、不同的位置，又或者一个图形是另一个图形的局部放大。在 Origin 中，可以使用多层技术，即绘制多层图形。下面以 3 个例子介绍 Origin 中多层图形的绘制方法。

　　1. 双 Y 轴图形

　　绘制双 Y 轴图形是因为有两个以上的 Y 列数据，它们共用相同的 X 轴坐标区间，但 Y 轴坐标的数值范围相差很大。以某个电容器循环性能为例，X 轴数值为循环次数，两个 Y 轴数值分别为电容值和放电效率（百分比），如果只用一个 Y 轴绘制多曲线图形，则放电效率曲线将会与电容值曲线发生重合；如果将其分为两个图进行绘制，又不能集中表达出其中的意义。因此最好的选择是用两个 Y 轴，左边是电容值，右边是放电效率，共用一个循环次数作为 X 轴（图 2.22）。

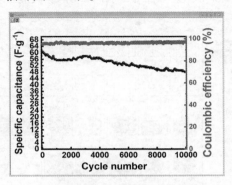

图 2.22　典型的双 Y 轴图形

具体方法为：首先按照前面的方法导入数据文件，然后选择需绘制图形的两个 Y 列，单击"Plot → Basic 2D → Double Y Column"命令或相应的工具栏快捷按钮，即可生成一个双 Y 轴图形，这就是一个双层图形，每个图层都可以进行独立管理和设置。需要注意的是，每个图层的线型均需要单独设置。

另外，也可以先用第 1 列 Y 轴数据作出图形，再通过如图 2.23 所示的方式在页面空白处点击右键，然后选择需要添加的 Y 轴，点击之后新建一个图层 2，利用前面介绍过的图层内容管理器添加数据的方法，将第 2 列数据添加到图层 2 中。再分别对两个图层的曲线进行设置调整以满足图形的表达需求。此方式比较灵活，在作图过程中可以随时增加或减少相应图层进行适当的操作。

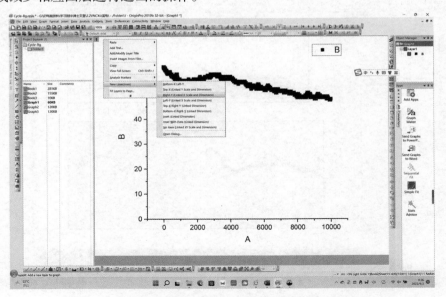

图 2.23　以添加图层的方式作多图层图形

2. 局部放大图

有时在曲线变化过程中，曲线的局部区域会发生急剧变化，因此就需要做局部放大图。以电化学阻抗为例，高频区需要放大显示。同样，先导入数据并选择需要作图的数据，使用"Plot → Basic 2D → Zoom"菜单命令（图 2.24）或快捷工具栏进行绘制。

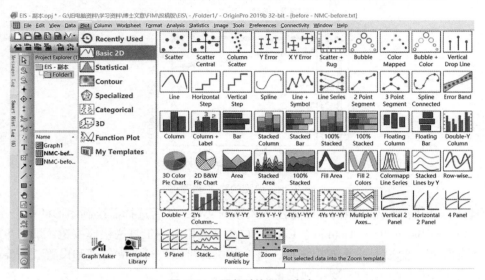

图 2.24　局部放大图形命令

执行上面的命令后，即可得到如图 2.25 所示的局部放大图。图形分成上、下两部分，上图是完整的曲线，下图是局部的放大图。上面的阴影部分可以通过鼠标拖动大小，通过改变阴影部分的大小，下面的放大图将会相应发生变化。

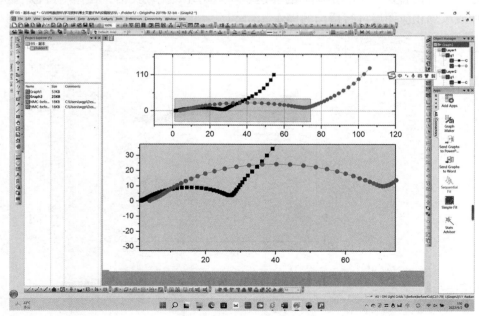

图 2.25　局部放大图

3. 多面板图形

图 2.26 显示的是 4 个面板的图形，这是一个四层图形，每层都可以利用图形窗口左上角的图层图标，通过单击鼠标右键进行管理，方法同单层图形是一样的。

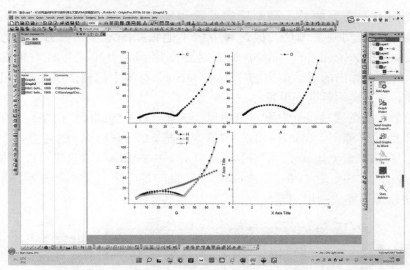

图 2.26　多面板图形

4. 图层添加方法

上面的局部放大图和多面板图形也都可以采用双 Y 轴图形增加图层的方法进行多图层绘图。下面对 4 种 Graph 窗口图层添加方法进行介绍。

（1）通过"Layer Management（图层管理器）"添加图层。在原有的 Graph 窗口上，通过"Graph→Layer Management"命令打开"Layer Management"对话框。在这个对话框里，可以添加新的图层。

（2）通过在页面空白处单击鼠标右键，选择"New Layer"，可以直接在 Graph 窗口中添加包含相应坐标轴的图层。可以添加的图层类型包括"Bottom-X Left-Y""Top-X (Linked Y Scale and Dimension)""Right-Y (Linked X Scale and Dimension)""Left-Y (Linked X Scale and Dimension)""Top-X Right-Y (Linked Dimension)""Bottom-X Right-Y (Linked Dimension)""Inset (Linked Dimension)""Inset With Data (Linked Dimension)""No Axes (Linked XY Scale and Dimension)"。使用者根据实际需要添加相应图层。

（3）通过工具栏添加图层。在 Origin 右侧的工具栏中，包含相应的添加图层的按钮。在 Graph 窗口被选中的情况下，直接单击这些按钮即可添加图层。

（4）通过"Graph → Merge Graph Windows"命令创建多层图形。在这个对话框中，可以将多个 Graph 合并为一个多层图形，这种方式对于做复杂图形是非常方便的。在选中 Graph 的情况下，通过"Graph → Merge Graph Windows"命令可以打开"Merge Graph Windows：Merge_ graph"对话框。在这个对话框的右边是一个预览图形，设置会即时反映在这个预览图形上。

该对话框可以执行保存源图、图层的重新排列布局、图层间距（页面尺寸的百分比）、页面设置、比例元素、标签合并、网格设置等一系列命令，以便对图形进行调整。

5. 图层管理

多层作图通常需要调整不同图层的位置和尺寸，最简单的方法是单击图层对象后，直接用鼠标拖动调整图层，但这种方法不能很精确地量化。另一个方法是使用"Graph → Layer Management"命令，或者是在图层编号处单击鼠标右键选择"Layer Management"，在弹出的对话框中的"Size/Position"标签下调整图层，此处也可以对图层的坐标轴、图形显示等进行设置。

还有一个方法是通过鼠标右键点击图形，选择"Plot Details"［图 2.27（a）］或者直接双击图形即可弹出"Plot Details"对话框［图 2.27（b）］，随后点击左边框中的"Layerl"，对话框最上边显示"Plot Details-Layer Properties"，这里可以定量调整图层的"Background""Size""Display/Speed""Stack"等性质。设置完毕后单击"Apply"或"OK"按钮即可完成图层调整。

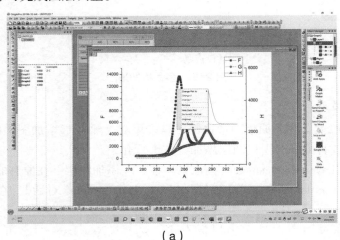

（a）

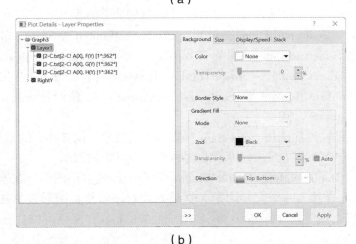

（b）

图 2.27　Plot Details 调用方式及其对话框

多层图形另一个比较重要的问题就是对图层中的数据进行管理，管理数据的方法主要有以下 4 种：

（1）在选中 Graph 窗口和相应图层的情况下，通过"Graph → Plot Setup"命令或者右键单击 Graph 窗口左上角的图层序号选择"Plot Setup"弹出相应对话框，对图层中的数据进行管理，如图 2.28 所示。

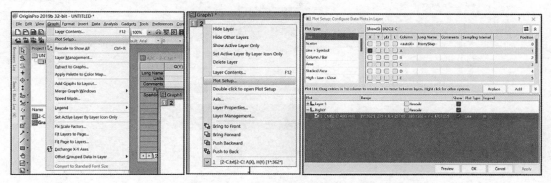

图 2.28　Plot Setup 调用方式及其对话框

（2）OriginPro 2019b 中新添加了直接拖动数据列到图层中以增加图形的方法。选中要添加到现有图形中的数据，将鼠标光标移动到选定列的右边缘，光标旁边会出现一个微型曲线图，然后点击左键不放将其拖到图层上，即可将数据添加到图层中。

（3）通过"Layer Contents"对话框管理 Graph 数据，在 Graph 窗口左上角的图层序号上单击右键，选择"Layer Contents"，可以打开"Layer n"对话框（n 是图层编号）。

（4）将多层图形分解为多个独立的 Graph，可以在选中需要分解的 Graph 后（该 Graph 必须有 2 个以上的图层），使用"Graph → Extract to Graphs"命令打开"Graph Manipulation：Layextract"对话框，在进行相应的设置后单击"OK"按钮，即可完成分解操作。

2.3.3　图形定制

作图的目的是数据可视化，数据可视化是为了让图形"说话"，在科技作图中呈现实验结果的变化规律并进行相互比较，这是比文字和单纯的数据更加有效的描述方法。Origin 能做出标准的科技图形，这是 Origin 存在的最重要的价值，因此图形的设置部分是 Origin 作图中最基本也是最重要的内容。所谓图形的设置，是指在选定作图类型后，对数据点、曲线、坐标轴、图例、图层及图形整体的设置，最终产生一个具体的、准确的、规范的图形。

1. 图形设置

双击数据曲线，弹出"Plot Details（作图细节）"对话框，如图 2.29 所示，可对图形进行相关设定，结构从上到下分别是："Graph（图形）""Layer（层）""Plot Type（图的类型）"。要注意的是，如果先选中多列数据绘制多曲线图形，由于系统默认将这多条曲线设为组，即所有曲线的符号、线型和颜色会进行统一设置，按照数据的默认顺序呈现不同的形状、颜色等。这对于大部分图形来说，是比较合适的，但缺点是很多参数不能被个性化定制。如果希望定制一个组中各曲线的具体参数，就要选择"Edit Mode"中的"Independent（独立）"选项。

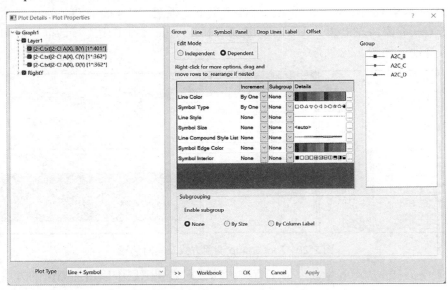

图 2.29　"Plot Details"对话框

（1）"Line"选项卡。本选项主要设置曲线的连接方式、线型、线宽、填充等选项。"Connect"下拉列表中为数据点的连接方式，如直线型、点线型等，如图 2.30 所示。"Style"设置线条的类型，如实线、虚线等。在该版 Origin 中，增加了组合类型的曲线、简单的单条线、双条线等，可在"Compound Style"中选择。"Width"调节线条的宽度。"Color"用于调节线条的颜色。

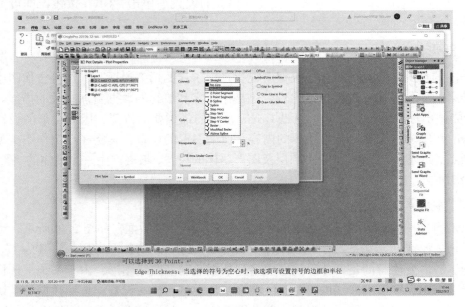

图 2.30　"Plot Details"对话框中的"Line"选项

（2）"Symbol"选项卡。本选项主要设置点线图中数据点的呈现方式，如符号、大小、颜色等，如图 2.31 所示。"Preview"选项，单击"Preview"下面的下三角按钮，打开符号库，可选择其中一种符号。"Size"用于设置符号的大小，默认是"9 Point"，根据实际需要改变大小。当选择的符号为空心时，"Edge Thickness"选项可设置符号的边框和半径的比例，用百分比表示。"Color"选项可以设置符号的颜色。如果在曲线中有重合的数据点，选中"Overlapped Points Offset Plotting"选项可使重复的数据点在 X 方向上错位显示。

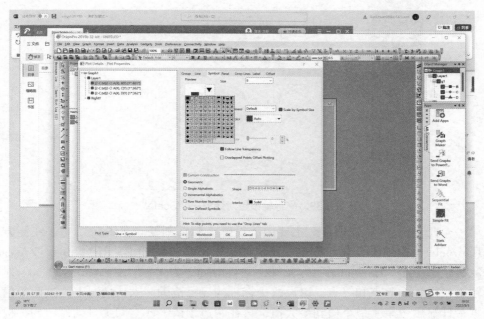

图 2.31　"Plot Details"对话框中的"Symbol"选项

（3）"Drop Lines"选项卡。当曲线类型是"Scatter（散点图）"或含有散点时，即出现表示数据的点时，选中"Drop Lines"选项卡中的"Horizontal"选框或"Vertical"选框，可添加曲线上点的垂线和水平线，能更直观地读出曲线上的点。

2. 坐标轴设置

坐标轴的合理设置可使图形美观且规范，并可实现实际作图过程中的各种特殊需求。在 Origin 中，所作的图形通常都是科学或工程图形，这些图形具有确定的物理意义，因此图形的格式和规范是十分重要的。如果图形不规范，图形要表达的意义也就是不明确或不准确的。例如，一些图形要求对数坐标才能合理地表达结果，如果将其做成普通的线性坐标，显然是不合适的。再如，很多光谱图形的横坐标或纵坐标都具有较明确的范围，如果人为的放大或缩小坐标轴显然也是不合理的。

对坐标轴的设置通过执行菜单栏"Format → Axes/Axis Tick Labels → X Axis/Y"等命令，或者鼠标左键双击坐标轴弹出"X Axis"或"Y Axis""Z Axis"对话框，如图 2.32 所示。注意，如果点击 X 轴弹出对话框，默认是首先对 X 轴进行设置，可在弹出对话框里选择任何一个坐标轴进行设置。

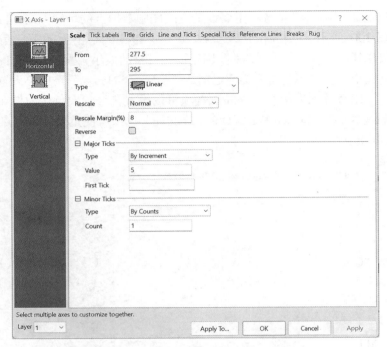

图 2.32　坐标轴设置对话框—"Scale"

第一个是"Scale"选项卡。主要用于设置坐标轴刻度。在图 2.32 中，左侧方框中有"Horizontal（横轴）"和"Vertical（纵轴）"，在三维图形中还会出现"ZAxes"选项，默认状态下，"Horizontal"为 X 轴，"Vertical"为 Y 轴。"From"和"to"对应文本框输入坐标轴的起点和终点，以设置坐标轴的显示范围。默认情况下，这两个值是软件根据最佳显示效果（最小值到最大值，再在两边预留一些空间）自动设定的，根据实际情况需要，也可以进行手工指定。"Type"是坐标轴的类型，当前版本中共有 11 种类型可供选择，常用的有"Linear（标准线形刻度）""log10/log2/ln（分别以 10、2、自然对数为底的对数坐标）""Reciprocal（倒易刻度，即 X'=1/X）""Offset Reciprocal（补偿倒数刻度）"等。"Increment"用于设置坐标的步长值，如输入 10，表示主要坐标刻度为 0、10、20、30 等。"Major Ticks"用于输入要显示的坐标刻度数量，如输入 5，则显示 5 个主要坐标刻度。"Minor Ticks"用于输入主要刻度之间要显示的次要坐标刻度，如输入 1，表示两个主要坐标间显示 1 个次坐标刻度；如果输入 4，则相当于每个主要坐标分成 5 份次要坐标，依次类推。"First"选项使用较少，用于指定起始刻度的位置。

第二个是"Tick Labels"选项卡。主要用于设置坐标刻度标签的相关属性，如设置坐标轴上数据的显示形式，即是否显示、显示类型、颜色、大小、小数点位置、有效数字等。通过左侧框选择坐标轴，在二维图中有 4 个坐标轴，分别是"Bottom（底部 X 轴坐标）""Top（顶部 X 轴坐标）""Left（左边 Y 轴坐标）"和"Right（右边 Y 轴坐标）"，选择后可对每个坐标轴进行设置。其中，内置"Display"选项卡的"Type"为数据类型，默认状态下与源数据保持一致，可以修改显示格式，如强制显示为日期型等。如果源数据为日期型，坐标轴也要设置成日期型才能正确显示。"Display"主要用于呈现数据的格式，如十进制、科学记数法等。"Divide by"表示整体数值除以一个数值，典型的为1000，即除以1000倍；或者0.001，即乘以1000倍。这个选项对于度量单位的转换十分有用，也可以通过下方的"Formula"自定义函数进行设置。由于系统默认的只有左边和底部的坐标轴，因此如果需要右边和顶部的坐标轴，可以在这个选项卡中进行设置，点击左边对应坐标轴，勾选"Show"即可对该坐标轴进行设置，如果添加的顶部 X 轴坐标与底部 X 轴坐标，或添加的右边 Y 轴坐标和左边 Y 轴坐标设置相同，还可勾选"Use Same Options for Bottom and Top（Left and Right）"。

第三个是"Title"选项卡。"Title"指的是坐标轴标题，输入框中显示"%(?X)"或者"%(?Y)"是系统的内部代码，表示会自动设置使用工作表中 X 列或 Y 列的"Long Name"作为名称，以 Y 列的"Units"作为坐标轴的单位。如果保持默认这串符号，一旦数据工作表被修改，这个图形的标题也会自动修改，如果需要也可以直接输入标题名称。

第四个是"Grids"选项卡。其可在曲线图形绘图区域绘制网格线，可使数据点显示更加直观，提高可读性。其可对网格的尺寸进行设置，默认状态不显示，如果需要使用则勾选"Show"后进行设置。如图 2.33 所示，"Major Grid Lines"显示主格线，即通过主刻度平行于另一坐标轴的直线，其下面的下拉列表中可分别设定线的颜色、类型和宽度。"Minor Grid Lines"显示次格线，即通过次刻度平行于另一坐标轴的直线。"Additional Lines"表示在选中轴的对面显示直线，选中"Y=0"复选框，即在 X 轴对面显示直线。可以调整网格线的线型和颜色，如使用点线、灰色等，以便既能显示网格线，又能保持原有曲线图处于重要的位置而不至于被网格线所干扰。

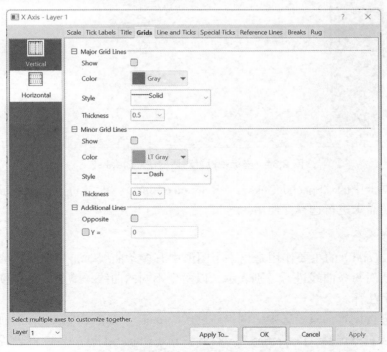

图 2.33　坐标轴设置对话框—"Grids"

第五个是"Line and Ticks"选项卡。其可设置坐标轴和坐标轴上刻度线的方向和大小。"Line"设置坐标轴本身的显示方式，包括颜色、粗细等。"Major/Minor Ticks"表示主、次刻度线的显示方式，可调整坐标轴中主、次刻度线出现的形态，包括里、外、无、里外 4 种显示方式及粗细、颜色等性质。一个典型的例子是在顶部 X 轴和右边 Y 轴选项中勾选"Show"，即显示顶部 X 轴和右边 Y 轴，然后在"Major/Minor"的刻度都选择"None（无）"，则相当于为图形增加了没有刻度线的顶部 X 轴和右边 Y 轴坐标线，最后图形出现在一个矩形中。

第六个是"Breaks"选项卡。当数据之间的跨度较大时（中间部分没有有意义的数据点），可用带有断点的"Graph"表示，具体参数可在"Breaks"选项卡中设定。如图 2.34 所示，通过"Break Half Length"设置截断的宽度，"Number of Breaks"设置截断的数量。

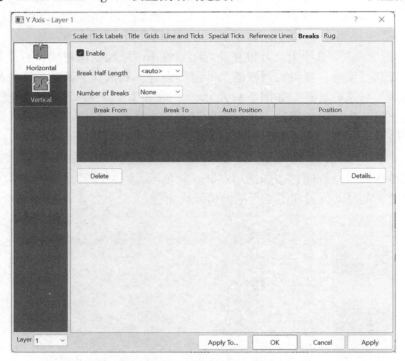

图 2.34　坐标轴设置对话框—"Breaks"

其他选项卡中的"Special Ticks""Reference Lines"和"Rug"选项一般情况下使用较少，可按照需求进行选择性使用。

3. 图例和文本

图例（Legend）的主要作用是当一个图形中有多条曲线时，根据曲线的图标、线型和颜色等性质对每条曲线进行区别表示，以呈现不同的曲线，增加图形可读性，并可添加简单的文字注释。

对图例进行设置：只要选中图例，通过"Format → Object Properties"命令，或者选中图例后鼠标右键选择"Properties"，打开"Text Object–Legend"图例设置对话框。如果不小心删除了图例，可以单击左侧工具栏上的"Reconstruct Legend"按钮建立图例。

如图 2.35 所示，"Text Object–Legend"图例设置对话框中"\l（1）"和"%（1）"对应着第 1 条曲线的线型和符号，以此类推。另外，如果用到特殊的格式，包括上下标、希腊字母等，系统会自动增加一些标记，这些标记是不能删除的，最终的效果以对话框下面的预览效果为准。另外，在其他设置里可以对字体、字号、字的颜色、图例边框、图例阴影等性质进行调节。

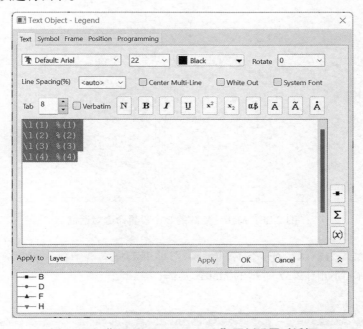

图 2.35　"Text Object–Legend"图例设置对话框

文本可以是图形的说明，主要包括坐标轴标题和图形标题，也可以是图形中其他的说明文字。单击左侧工具栏中"Text Tool"按钮，然后在 Graph 窗口页面任意位置单击鼠标左键，或者在页面空白处点击鼠标右键选择"Add Text"插入文本框，进行文本编辑，在图层上方有相应的工具栏可对文本的格式进行调整。如果要输入其他的符号，在文本框中鼠标右键选择"Symbol Map"命令，即可打开相应对话框，此版 Origin 设置了快捷键，在文本输入状态按"Ctrl+M"键，即可调出"Symbol Map"对话框输入特殊符号。

2.3.4　三维图形

三维图形可以分成两种：一种是具有三维外观的二维图形，如 3D Bar（三维柱图）、3D Pie Chart（三维饼图）；另一种是具有三维空间数据，即必须有 X、Y、Z 三维数据的图形，典型的如 3D Surface（三维表面图）、3D Frame/Wire（三维线框图）等。有一些看起来只是二维的图形，如 2D Contour（等高线图），其实也是三维图形。建立这些三维图形，通常需要使用 Matrix 数据，而 Matrix 数据通常是由 X、Y、Z 三维数据转换的。下面介绍 Matrix 数据窗口及其操作方法。

1. Matrix 数据窗口简介

通过"File → New → Matrix"命令可以新建一个 Matrix 数据窗口，默认大小为

32×32。输入数据，点击"OK"按钮，创建 Matrix 矩阵，创建后菜单栏出现"Matrix"命令。

如图 2.36 所示，通过"Matrix → Dimension and Labels"命令可以设置 Matrix 数据窗口的大小。通过"Matrix → Set Properties"命令可以设置 Matrix 数据窗口的格式，如"Width""Data Type"等。通过"Matrix → Set Values"命令填充 Matrix 矩阵的数据。x 代表在 X 轴上的比例，y 代表在 Y 轴上的比例，由 1 至 10 分布。i 代表行号，j 代表列号。

图 2.36　Matrix 矩阵的 3 个设置命令对话框

本例其他设置为默认，在"Set Values"对话框的输入框中输入函数"x^2+y^2"，单击"OK"按钮，得到如图 2.37 所示的 Matrix 矩阵。

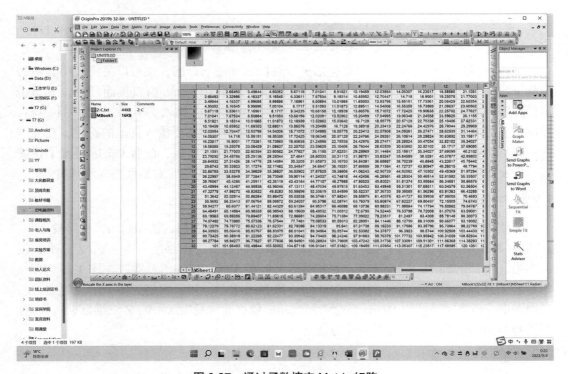

图 2.37　通过函数填充 Matrix 矩阵

另外，简单介绍下 Matrix 数据窗口的常用操作方法。选择所有数据后，通过
"Matrix → Transpose"命令可以对 Matrix 矩阵进行转置，即纵横数值反转。通过
"Matrix → Rotate90"命令可以将 Matrix 矩阵顺时针旋转 90°、180°。通过
"Matrix → Flip → Vertical/Horizontal"命令可以将 Matrix 矩阵垂直反转或水平反转。通过
"Matrix → Expand"命令可以将 Matrix 矩阵的大小进行扩展。通过"Matrix → Shrink"
命令可以将 Matrix 矩阵的大小进行收缩。把整个 Matrix 数据窗口看作一个位图，把每一
个单元格看作一个像素。收缩时像素减少了，但它整体还是那个位图，只不过尺寸变小
了。扩展也是一样的原理。在激活 Worksheet 窗口的状态下，通过"Worksheet → Convert
to Matrix"命令对数据进行转换。

2. 三维作图

根据前面提到的从 Matrix 数据窗口建立三维图形的方法，本例在"Set Values"对话
框的输入框中输入函数"x^2+y^2"，填充 Matrix 矩阵。选择所有数据后执行"Plot → 3D →
3D Colormap Surface"命令绘制三维图形。

绘制的三维图形如图 2.38 所示，这是一个曲面，函数"$z=x^2+y^2$"的图像本应该是一
个三维的圆锥形曲面，由于本例限制了矩阵范围设置，使得图形只显示了一部分。

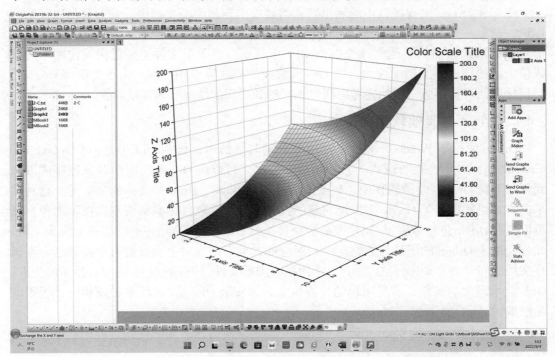

图 2.38　绘制的三维图形

另一个方法是利用已有的三维数据通过数据转换建立三维图形。先导入原有的数据
文件，得到 Worksheet 窗口数据，将第三列设为 Z 轴，在激活 Worksheet 窗口的状态下，
通过"Worksheet → Convert to Matrix"命令对数据进行转换，得到矩阵窗口，再执行上
述三维作图命令进行作图。

3. 三维图形参数设置

三维图形参数的设置，结构上与二维图形基本相同，在图层编号处单击鼠标右键，选择"Layer Properties"进入层属性对话框，主要设置一些显示的参数。用鼠标左键双击三维图形的坐标轴，可进行坐标轴设置，本部分步骤与二维图形基本相同，不同的是多了Z轴的坐标轴。用鼠标双击线框，可进入"Plot Details–Layer Properties"设置对话框，不同的三维图形，设置的参数略有不同。

4. 三维图形旋转

在3D Graph页面中，下方工具栏中会出现一列与三维图像旋转相关的按钮，单击它们即可旋转图形。如果没有这些按钮，则可通过"View → ToolBars → 3D Rotation"命令将它们显示出来。

现在，Origin的官网上有诸多典型的二维图形、三维图形，有兴趣学习者可以在官网上自行查看。

2.4 图形输出

图形在Origin工程项目中绘制出后，需要输出到相应的文档中，并对其加以说明或讨论，这是一个非常重要的过程。Origin中图形的输出具有4种不同的意义，包括以图形对象的形式输出到其他软件（如Word）中共享、以图形文件（矢量图或位图）的形式输出以便插入到文档中使用、以Layout页面的形式输出和打印。由于要脱离Origin，与目标文档混合排版，因此要考虑到目标文档和出版的情况对其加以调整。

2.4.1 Origin与其他软件共享

Origin使用了Windows平台中常用的对象共享技术，称为OLE（Object Linking and Embedding，对象连接与嵌入）。利用这个技术，可以将Origin的图形对象连接或嵌入到任何支持OLE技术的软件中，典型的软件包括Word、Excel或PowerPoint等。这种共享的方式仍然保持了Origin对图形对象的控制，在这些软件中只需要双击图形对象，就可以打开Origin进行编辑，编辑修改后只要再执行更新命令，文档中的图形就会同步更新。此外，由于Origin的图形与数据是一一对应的，拥有图形对象也就拥有原始数据，在保存文档的同时会自动保存这些数据，不用担心图形文件丢失，这些都是OLE技术的优点。OLE技术最大的缺点，就是用户的计算机上必须安装Origin，且版本必须相同，否则就无法编辑。

以Word为例，在Word中嵌入Origin图像有多种方法，实际使用过程中根据需要选择合适的方法即可。

第一种是最简单的方法，就是使用剪贴板进行数据交换，可以选中需要输出的图形窗口，选择"Edit → Copy Page"命令；或者在Graph页面上不选中任何对象，点击鼠标右键并选择"Copy → Copy Page"复制整页，然后选择目标Word文档，在指定位置执行粘贴命令即可，这其实是一种对象嵌入的快捷操作方式，如图2.39所示。在Word文档中，用鼠标右键单击这个图形对象，即可打开右键快捷菜单，在菜单中可看到Graph对象可执行"Edit"编辑并打开这些操作,或者直接用鼠标双击这个图形,这些操作都会直接打开 Origin 进行编辑。在 Origin 中,编辑完成后关闭 Origin 会自动保存,即可在 Word 中得到更新。

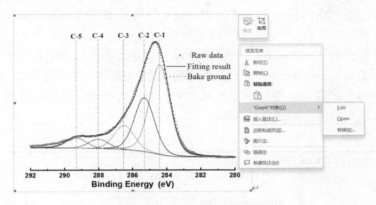

图 2.39　Word 中嵌入 Origin 图像

采用这种方式将 Origin 图像嵌入 Word 中,并在 Word 中打开 Origin 进行编辑,会发现"Project Explorer"中只有图形窗口,而没有数据窗口。如果要得到图形的数据,则需要在 Origin 中用鼠标右键单击图形,然后选择"Create worksheet"命令即可,如图 2.40 所示。

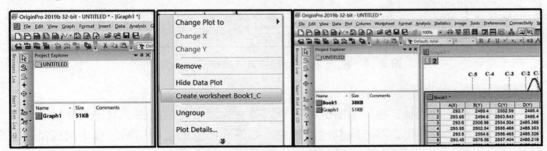

图 2.40　Word 中 Origin 用图形建立数据表

第二种方法是直接从 Word 界面进行操作。上述方法是先有 Origin 文件,然后有 Word 文档,实际上也可以直接从 Word 文档中进行操作,具体方法是使用 Word 中的"插入→对象"命令,打开对象对话框,然后选择"Origin Graph",如图 2.41 所示。

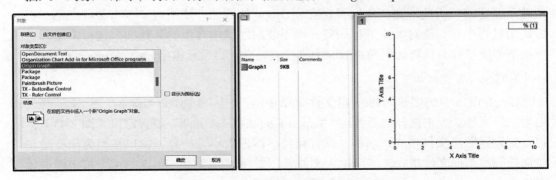

图 2.41　Word 中插入 Origin 图形对象

这样会运行 Origin，并打开一个新的图形窗口，由于图形窗口中除默认坐标轴外什么也没有，因此要自己新建一个数据表，并输入或导入数据，然后使用图层命令 "Layer Contents" 对话框，将数据添加到图层，以上述 Origin 相同的作图方式进行绘图，绘图完成后在 Origin 界面点击保存，直接关闭 Origin 即可将图形返回给 Word，在 Word 界面能够直接显示相应图形。

第三种方法是通过 "Preferences → Options" 命令选项中的 Graph 选项卡，给右下角的 "Enable OLE In-place Activation" 选框打钩。之后使用剪贴板把图像复制到如 Word 之类的软件中时，图像会以控件的方式嵌入文档中，这样就可以不用打开 Origin 而直接在文档中编辑这个图像，如图 2.42 所示。

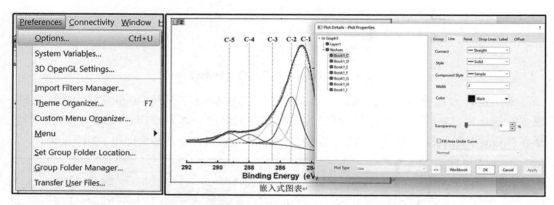

图 2.42　在 Word 中以控件方式操作 Origin 图像

另外需要注意的是，由于 Origin 是一个以英文为源语言的软件，对中文处理存在一些问题，经过更新换代，部分问题已经解决。如果在图像的复制粘贴过程中出现乱码，可以通过在 Origin 中调整字体或者下载软件补丁的方式进行解决。

2.4.2　输出图形文件

一般情况下，图形输出是指输出图形文件，是 Origin 图形利用的最有效途径。因为将图形保存为图形文件输出，方便了在其他文档中进行插入使用，更重要的是因为图形文件是兼容的，避免了文档使用者要安装 Origin 的问题。使用这个方法的缺点是：在图像使用过程中，只能对大小进行调整，而不能对图像内容里的其他细节进行调整，当图像细节需要修改时，只能回到 Origin 中进行调整后，再重新输出和插入，不能自动更新。

1. Graph 窗口输出

Graph 窗口中的图形可以使用文件菜单中的 "File → Export Graphs" 命令将窗口输出为图形文件。点击选择之后弹出 "Export Graphs: expGraph" 设置窗口（图 2.43），窗口左侧设置图形文件格式、名称、保存路径、图形大小等信息，窗口左侧为预览图。只要选择一种图形文件格式，然后输入文件名和文件保存路径，单击 "OK" 按钮即可保存文件。

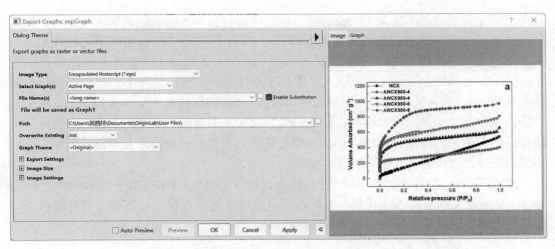

图 2.43　"Export Grapths：expGraph" 对话框

图 2.43 中，对话框中的"Image Type"中有 Origin 支持图形格式，输出图形类型（Image Type）见表 2.1。问题是 Origin 支持多种的图形格式，每种格式的适用范围并不相同。要讨论图形格式的问题，首先要明白图形可以分成两大类：一类是矢量图，这种图形是以点、直线和曲线等形式保存在文件中的，文件很小，可以无级缩放而不会失真，适合于各种各样的分辨率（既适合屏幕显示，又适合打印输出）；另一类是位图或称光栅图，这类图形保存后文件很大，一般不宜放大，一放大就可能失真，受制于图形的分辨率，使用场合不同，分辨率也不同。

表 2.1　输出图形类型（Image Type）

格式类型	格式
Bimap (*.bmp)	矢量图
Computer Graphics Metafile (*.cgm)	矢量图
AutoCAD Drawing Interchange (*.dxf)	矢量图
Enhanced MetaFile (*.emf)	矢量图
Encapsulated Postscript (*.eps)	矢量图
Graphics Interchange Format (*.gif)	光栅图
Joint Photographic Experts Group (*.jpg, *.jpe, *.jpeg)	光栅图
Zsoft PC Paintbrush Bitmap (*.pcx)	光栅图
Portable Document Format (*.pdf)	矢量图
Portable Network Graphies (*.png)	光栅图
Adobe Photoshop (*.psd)	光栅图
Truevision Targa (*.tga)	光栅图
Tag Image File (*.tif, *.tiff)	光栅图
Windows MetaFile (*.wmf)	矢量图

虽然 Origin 支持多种格式，但在实际使用过程中，有一些格式很重要，而另一些则不常用。矢量图在处理曲线图形时，拥有大量的优秀特性，这类格式最适合在文档中插

入（可以无级缩放而不失真）和输出到打印机中进行打印（因与分辨率无关，可以得到最高质量的图形）。在所有的矢量图形格式中，eps 是一种与平台和打印机硬件无关的矢量图，是所有矢量图的首选格式，而 emf、wmf（emf 是 wmf 的扩展）两种格式则是 Windows 平台中最常用的矢量图格式，也属于最佳选择。很多情况下，出版印刷并不支持矢量图（如发表科技论文），一般只支持 tif 位图格式（网络环境中要选择 gif 或 png 格式）。

由于位图受多个因素的影响，因此其参数比矢量图复杂，重点要注意图形的分辨率问题。因为如果图形的分辨率太小，印刷质量将会非常差，分辨率在"Export Settings"中进行设置，建议的分辨率是 300 或 600。

要说明的是，除图形的输出外，分析报告也可以先输出，不过常用的是 pdf 格式文档，输出 pdf 格式文档时可以选择颜色为黑白还是彩色。电子表格也可以很方便的输出，可输出为 ASCII 格式文件，以便其他软件进行利用。

2. Layout 窗口输出

使用 Layout 窗口可以对现有的数据与图表进行排版。理论上，通常是直接在 Word 中进行排版的，但当图形比较多或比较复杂时，Layout 是一个更好的选择。因为 Layout 排版是基于图形的，整个窗口可以当成一张白纸，多个图形或表格在上面进行随意排列，而 Word 是基于文字的排版。在太多图形的情况下，排版会相当困难。可通过"File → New → Layout"命令新建一个空白的 Layout 窗口。

在 Layout 窗口活动的情况下，通过用鼠标右键单击 Layout 窗口，从快捷菜单栏中选择"Add Graph"和"Add Worksheet"分别添加图形和表格。选择图形或表格后，用鼠标左键单击 Layout 窗口，适当调整其大小和位置即可，将图形和表格混合地排列在一起（图 2.44）。另外，也可以先在目标窗口活动的情况下，执行"Edit → Copy Page"命令，然后转到 Layout 窗口，执行粘贴命令，即可完成内容的添加。

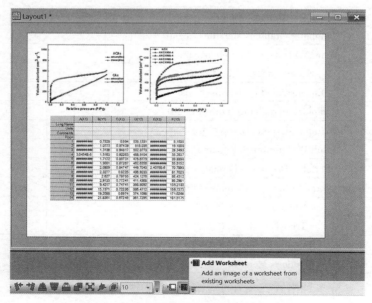

2.44　Layout 窗口中添加图形和表格

此外，还可以右键单击 Layout 窗口里面的对象，选择"Properties"命令，编辑该对象在 Layout 窗口中的属性，如图 2.45 所示。

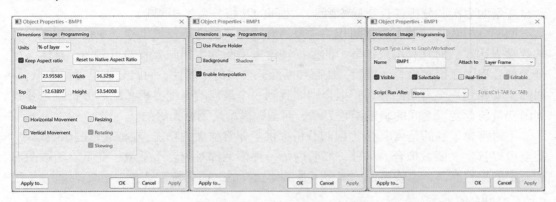

2.45 Layout 窗口中编辑对象属性

（1）"Dimensions"选项卡。"Units"：计量单位。"Keep Aspect ratio"：是否保持比例。"Left/Width/Top/Height"：对象位置设置。"Horizontal Movement"：是否允许水平移动。"Vertical Movement"：是否允许垂直移动。

（2）"Image"选项卡。"Use Picture Holder"：是否启用图片占位符。"Background"：背景样式。

（3）"Programming"选项卡。"Name"：对象名称。"Attach to"：在 Layout 窗口中对象与来源的联系方式。"Visible"：是否可见。"Selectable"：是否可选等。

当在 Layout 窗口中添加多个对象时，可以用右侧工具条上的"Object Edit"按钮来排列对象，可以同时选中多个对象（图形或数据表），对它们的大小、位置和排列情况进行统一设置。

要将 Layout 窗口输出，直接使用"Edit"菜单中的"Copy Page"命令，然后粘贴到 Word 中就行。也可以选择将 Layout 窗口导出为图形文件，再在 Word 中插入使用。

2.5 数据拟合

在 Origin 中，对数据进行拟合的基础是数据的回归分析。回归分析就是一种处理变量与变量之间相互关系的数理统计方法。用这种数学方法可以从大量观测的散点数据中寻找到能反映事物内部的一些统计规律，并可按照数学模型形式将其表达出来，故称它为回归方程（回归模型）。

回归分析法所包括的内容或可以解决的问题，概括起来有如下 4 个方面：

（1）根据一组实测数据，按算法原理建立方程，解方程得到变量之间的数学关系式，即回归方程式。

（2）判明所得到的回归方程式的有效性。回归方程式是通过数理统计方法得到的，是一种近似结果，必须对它的有效性作出定量检验。

（3）根据一个或几个变量的取值，预测或控制另一个变量的取值，并确定其准确度（精度）。

（4）进行因素分析。对于一个因变量受多个自变量（因素）的影响，则可以分清各自变量的主次，分析各自变量（因素）之间的互相关系。

回归分析法是处理变量之间相关关系的有效工具，它不仅提供建立变量间相互关系的数学表达式，而且利用统计学中的抽样理论来检验样本回归方程的可靠性，具体又可分为拟合程度评价和显著性检验，从而判断经验公式的正确性。回归分析也可称为拟合，回归是要找到一个有效的关系，拟合则要找到一个最佳的匹配方程。回归分析就是要找到因变量与自变量之间的确定函数关系，而函数模型是无穷无尽的。

不过需要了解的是，Origin为回归分析提供了非常强大的功能，支持大量的函数模块，甚至可以自定义函数拟合。另外，要明白每一种模型都对应若干常量、变量、函数图形和一定的物理意义，也就是说，模型不是随便选择的，而是按需选择。

2.5.1 线性拟合

线性拟合分析是数据分析中最简单但最重要的一种分析方法，其主要目的是寻找数据集中数据增长的大致方向，以便排除某些误差数值，并对未知数据的值做出预测。Origin 按以下算法将曲线拟合为直线：线性回归方程为"Y=A+BX"，参数 A（截距）和 B（斜率）由最小二乘法求算。

1. 线性拟合过程

首先，建立工作簿，导入要进行分析的数据，本例随机选取一组数据，然后选中要分析的数据，生成散点图（图 2.46）。

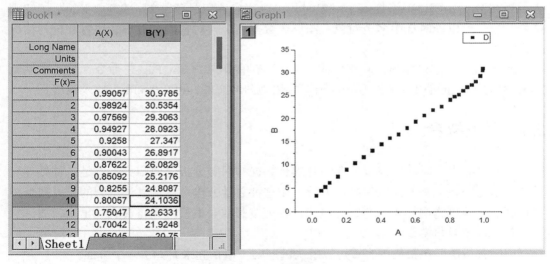

图 2.46　导入数据并生成散点图

使用命令"Analysis → Fitting → Linear Fit"，如果之前使用过线性拟合，则会在"Linear Fit"后多出两个选项——"Last Used"和"Open Dialog"，一般选择"Open Dialog"，如果拟合方式和上次一样，则可以选择"Last Used"直接得出结果。选择"Open Dialog"后，会自动弹出"Linear Fit"对话框，设置相关的拟合参数（图 2.47）。

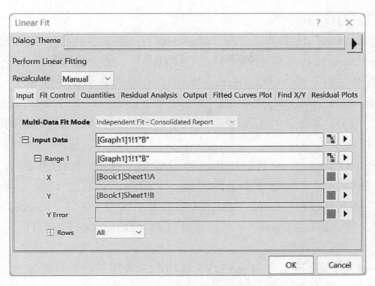

图 2.47 "Linear Fit" 对话框

在 "Linear Fit" 对话框里，可以暂时不作修改，采取默认，点击 "OK" 按钮，这样就可以做最简单的线性拟合，同时会弹出线性拟合结果和分析报告（图 2.48）。

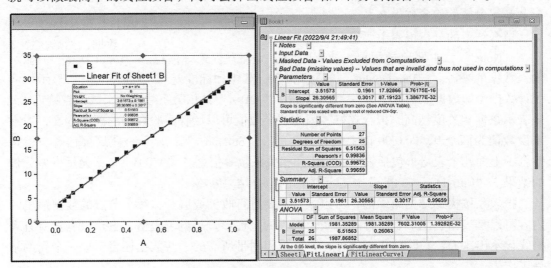

图 2.48 线性拟合结果和分析报告

2. 拟合参数设置

在 "Linear Fit" 对话框中，包含以下 7 项设置：

（1） "Input" 选项卡。可用于设置输入数据的范围，主要包括输入数据区域及误差数据区域。

（2） "Fit Control" 选项卡。该选项卡可设置 "Errors as Weight"：误差权重。"Fix Intercept" 和 "Fix Intercept at"：拟合曲线的截距的限制，如果选择 0 则通过原点。"Fix Slope" 和 "Fix Slope at"：拟合曲线斜率的限制。"Apparent Fit"：可用于使用对数坐

标对指数衰减进行直线拟合等。

（3）"Quantities"选项卡。"Fit Parameters"：拟合参数项。"Fit Statistics"：拟合统计项。"Fit Summary"：拟合摘要项。"ANOVA"：是否进行方差分析。"Covariance Matrix"：是否产生协方差。"Correlation Matrix"：是否显示相关性等。

（4）"Residual Analysis"选项卡。该选项卡下面可以设置几种残留分析的类型。

（5）"Output"选项卡。该选项卡下面是一些输出内容与目标相关的选项，定制输出图形及分析报表。

（6）"Fitted Curves Plot"选项卡。可以设置一些拟合图形的选项。"Update Legend on Source Graph"：更新原图上的图例。"X Data'Type"：设置 X 列的数据类型，包括"Points（数据点数目）"和"Range（数据显示区域）"。"Confidence Bands"：显示置信区间。"Prediction Bands"：显示预计区间。"Confidence Level for Curves（%）"：设置置信度。

（7）"Find X/Y"选项卡。"Find X/Y"选项卡主要用于设置是否需要产生一个表格，其显示在 Y 列或 X 列中寻找另一列所对应的数据。很多学习者对于根据 X 值或 Y 值寻找对应的 Y 值或 X 值很有兴趣，然而只有在 X 和 Y 建立了一定的函数关系后，这种寻找方式才成为可能，建立这个表格，就无需自己手工运算函数的结果。

3. 拟合结果的分析报表

拟合结果的分析报表主要包含以下内容：

"Notes"：主要记录用户、使用时间、拟合方程式等信息。"Input Data"：显示输入数据的来源。"Parameters"：显示斜率、截距和标准差。"Statistics"：显示一些统计数据（如数据点个数）等。"R-Square（COD）"：相关系数，这个数值越接近 1，则表示数据相关度越高，拟合越好，因为这个数值可以反映实验数据的离散程度，通常来说数值为两个 9，即 0.99 以上是有必要的。"Summary"：显示一些摘要信息，就是整合了上面几个表格，包括斜率、截距和相关系数等信息。"ANOVA"：显示方差分析的结果。"Fitted Curves Plot"：显示图形的拟合结果缩略图。

报表是按树形结构组织的，可以根据需要进行收缩或展开；每个节点的数据输出的内容可以是表格、图形、统计和说明；报表的呈现形式是电子表格，只是没有把所有表格线显示出来而已；除分析报表外，分析报表附带所需的一些数据还会生成一个新的结果工作表。

2.5.2 多项式拟合

1. 多元线性回归

要对数据进行多元线性回归分析（$Y=B_0+B_1X_1+B_2X_2+\cdots+B_kX_k+\varepsilon$）时，可以选用"Analysis → Fitting → Multiple Linear Regression"命令。同样，先导入数据，不要作图，直接选择"Analysis → Fitting → Multiple Linear Regression"命令。此时，Origin 打开"Multiple Regression"对话框，然后根据需要进行设定，单击"OK"按钮完成（图 2.49）。其中的参数设置及结果输出与线性拟合部分类似。

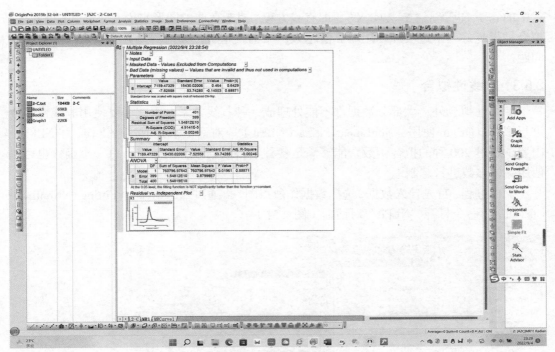

图 2.49　多元线性回归

2. 多项式回归

当选择对曲线用"$Y=A+B_1X+B_2X^2+\cdots+B_nX^n$"这一多项式函数进行拟合时，可以选用"Analysis → Fitting → Polynomial Fit"命令。一般操作流程：先导入数据，然后作图生成对应的散点图，激活当前 Graph 窗口，选定图层中要被拟合的曲线，选择"Analysis → Fitting → Polynomial Fit"命令。此时，Origin 打开"Polynomial Fit"对话框，然后根据需要进行设定，单击"OK"按钮完成拟合（图 2.50）。

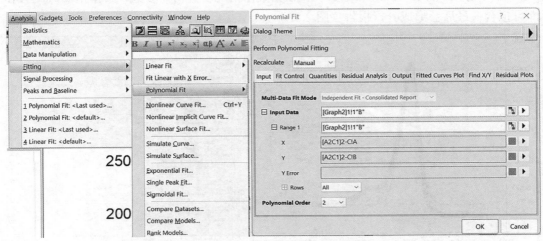

图 2.50　多项式拟合方法

其中的参数设置及结果输出请参考线性拟合，其内容基本相同。事实上，如果多项式中的 n=1，也就是"$Y=A+B_1X$"，即直线方程。对于弯曲的图形来说，理论上 n 值越大，拟合结果越好，不过实际使用时 n 值越大，项也就越多，如何解释其物理意义就成了大问题。

2.5.3 非线性拟合

除线性拟合外，大部分数据都不能处理成一种直线关系，因此需要使用非线性函数进行拟合。Origin 使用"NonLinear Fiting（NLFit）"对话框来完成这个工作，"NLFit"内置了超过 200 种的拟合函数，能够满足各种学科数据拟合的要求，每一个函数也可以使用具体参数进行定制。

操作过程：首先导入数据，选择数据作散点图，再通过"Analysis→Fitting→Nonlinear Curve Fit"命令打开"NLFit"对话框（图 2.51）。

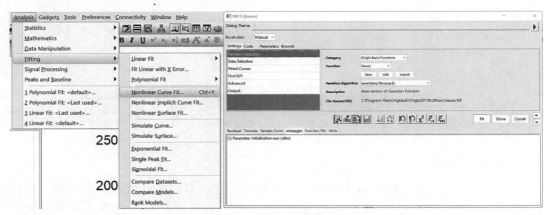

图 2.51　非线性拟合方法

然后选择函数目录，再在目录下选择一个拟合函数（本例使用"Origin Basic Functions"目录下的"Gauss"函数），根据具体情况设置初始参数，再单击"Fit"按钮即可拟合，最后会形成分析报告（图 2.52）。

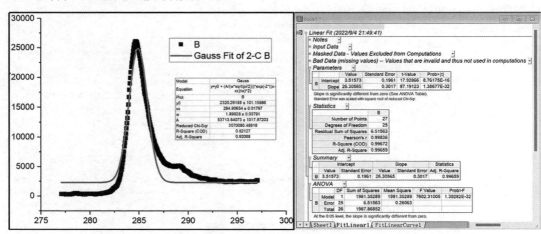

图 2.52　非线性拟合结果输出

第 3 章　Excel 和 VBA 入门与实践

3.1　Excel 概述

3.1.1　Excel 简介

Excel 是 Microsoft 公司出品的 Office 系列办公软件中的一个组件。Excel 是功能强大、技术先进、使用方便且灵活的电子表格软件，可以用来制作电子表格，且具有强大的制作图表的功能及打印设置功能等。Excel 2019 还可以用来制作网页。

（1）工作方面应用：进行数据分析和预测，完成复杂的数据运算等。

（2）生活方面应用：个人收入、支出、生活预算记录、家庭日历、血压测量记录等。

3.1.2　Excel 应用

Excel 具有十分友好的人机界面和强大的计算功能，已成为国内外广大用户管理公司和管理个人财务、统计数据、绘制各种专业化表格的得力助手。

3.2　Excel 2019 新增功能介绍

本教材将以 Excel 2019 为例进行学习。与以前的版本相比，Excel 2019 在功能上有了很大的改进，而且新增了一些用户需要的功能。这些新功能使用户的操作更加方便、快捷。本节将介绍 Excel 2019 的新增功能，以便读者更好地使用 Excel 2019。

打开 Excel 2019 后，首先展现在读者面前的是全新的界面。它更加简洁，其设计宗旨是可以快速获得具有专业外观的结果。其中，大量的新增功能将帮助用户远离繁杂的数字，绘制出更具说服力的数据图，简单、方便、快捷。

3.2.1　新增函数

1. IFS 函数

函数定义：检查是否满足一个或多个条件，并返回与第一个"TRUE"条件对应的值。语法结构如下：

=IFS(条件 1, 值 1, 条件 2, 值 2,…, 条件 n, 值 n)

2. CONCAT 函数

函数定义：CONCAT 函数将多个区域和字符串的文本连接起来，但不提供分隔符或

IgnoreEmpty 参数。

语法结构如下：

> CONCAT(text1,[text2],…)

"text1"（必需）参数指的是要连接的文本项、字符串或字符串数组，如单元格区域；"[text2],…"（可选）参数指的是要连接的其他文本项。文本项最多可以有 253 个文本参数，每个参数可以是一个字符串或字符串数组，如单元格区域。

3. TEXTJOIN 函数

函数定义：使用分隔符连接列表或文本字符串区域。

语法结构如下：

> TEXTJOIN(delimiter,ignore_empty,text1,[text2],…)

"ignore_empty"（必需）参数值如果为"TRUE"，则忽略空白单元格；"text1"（必需）参数指的是要连接的文本项、文本字符串或字符串数组，如单元格区域；"[text2],…"（可选）参数指的是要连接的其他文本项。文本项最多可以有 252 个文本参数（包含"text1"），每个参数都可以是一个文本字符串或字符串数组，如单元格区域。

4. MAXIFS 函数

函数定义：返回一组给定条件所指定的单元格中的最大值。

语法结构如下：

> MAXIFS(max_range,criteria_range1,criteria1,[criteria_range2,criteria2],…)

"max_range"（必需）参数指的是确定最大值的实际单元格区域；"criteria_range1"（必需）参数指的是一组用于条件计算的单元格；"criteria1"（必需）参数指的是用于确定哪些单元格是最大值的条件，格式为数字、表达式或文本；"[criteria_range2,criteria2],…"（可选）参数指的是附加区域及其关联条件。最多可以输入 126 个区域（条件对）。

5. MINIFS 函数

函数定义：返回一组给定条件所指定的单元格的最小值。

语法结构如下：

> MINIFS(min_range,criteria_range1,criteria1,[criteria_range2,criteria2],…)

"min_range"（必需）参数指的是确定最小值的实际单元格区域；"criteria_range1"（必需）参数指的是一组用于条件计算的单元格；"criteria1"（必需）参数指的是用于确定哪些单元格是最小值的条件，格式为数字、表达式或文本；"[criteria_range2,criteria2],…"（可选）参数指的是附加区域及其关联条件。最多可以输入 126 个区域（条件对）。

3.2.2　新增漏斗图

在之前的 Excel 版本中，想要做出漏斗图的效果，需要先建立条形图，在其基础上再次进行复杂的公式设置，最终才能呈现出左右对称的漏斗效果。Excel 2019 中新增了可直接插入的图表类型——漏斗图，极大地方便了图表的制作。

3.2.3　新增 SVG 图标和 3D 模型

1. 内置 SVG 图标

Excel 2019 在插图组中内置了上百个种类的 SVG 图标，用户可以根据需要进行搜索并将其插入图表中，还可以对图形格式进行调整设置。由于这些图标是矢量元素，不会因为变形而产生虚化。插入图标的具体操作步骤如下。

步骤 1：打开"地图图表 .xlsx"工作簿，并切换至"Sheet2"工作表。切换至"插入"选项卡，单击"插图"下的三角形按钮，在展开的下拉列表中选择"图标"选项（图 3.1）。

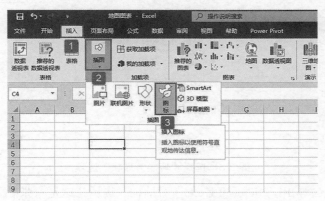

图 3.1　选择"图标"选项

步骤 2：随后便会打开"插入图标"对话框。单击"教育"选项卡，在"教育"列表框中选择"地球仪"选项，然后单击"插入"按钮。返回工作表后，工作表中便会插入地球仪的图标（图 3.2）。

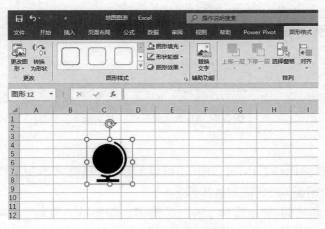

图 3.2　插入图标效果

　　为了方便对图标的编辑，还可以将图标转化为形状。具体操作步骤如下：

　　步骤 1：选择插入的图标，单击鼠标右键，在弹出的隐藏菜单中选择"转换为形状"选项（图 3.3）。

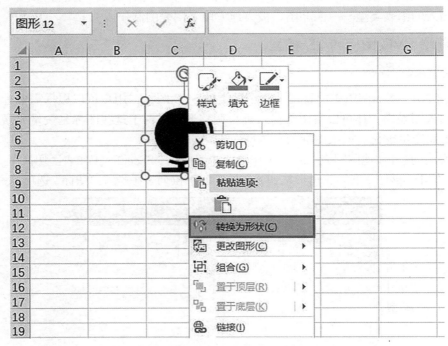

图 3.3　选择"转换为形状"选项

　　步骤 2：随后会弹出"Microsoft Excel"对话框，提示"这是一张导入的图片，而不是组合。是否将其转换为 Microsoft Office 图形对象？"（图 3.4），单击"是"按钮即可。返回工作表后图标便转换成形状。

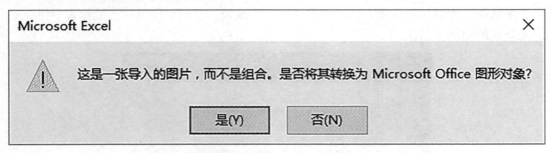

图 3.4　Microsoft Excel 对话框

2. 3D 模型

　　除新增的 SVG 图标外，Excel 2019 还可以使用 3D 模型来增加工作簿的可视感和创意感。下面具体介绍插入 3D 模型的步骤。

　　步骤 1：打开新建的"3D 模型 .xlsx"工作簿，切换至"插入"选项卡，在"插图"选项卡中选择"3D 模型"选项（图 3.5）。打开"插入 3D 模型"对话框。

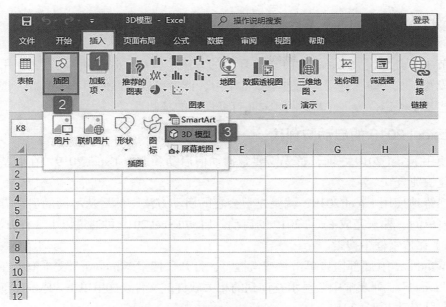

图 3.5　选择"3D 模型"选项

步骤 2：在打开的"插入 3D 模型"对话框中，系统会自动跳转到 3D 模型所在文件夹的位置，本例中 3D 模型的位置在"C:\用户\GodT\3D对象\Print 3D"文件夹下，选中文件夹中的 3D 模型，单击"插入"按钮即可返回工作表页面。

插入 3D 模型效果如图 3.6 所示。

图 3.6　插入 3D 模型效果

插入 3D 模型后，可利用三维控件向任何方向旋转或倾斜 3D 模型，只需单击、按住并拖动鼠标即可。向里或向外拖动图像句柄可缩小或放大图像。

3.3　设置 Excel 2019 工作环境

本节主要介绍设置 Excel 2019 工作环境的方法，包括 Excel 的界面设置、用户操作习惯的设置、工作簿保存等。通过本章的学习，读者可以掌握使用 Excel 2019 选项卡功能的一些基本操作，为进一步学习 Excel 打下良好的基础。

3.3.1　Excel 2019 的启动与创建

在使用 Excel 2019 之前，首先需要掌握如何启动和退出 Excel 2019，在此基础上，才能创建快捷方式。

要熟练地使用 Excel 2019，就要先学会它的启动方法，然后从不同的启动方法中选择快速简单的一种来完成 Excel 2019 的启动。启动 Excel 2019 可通过以下 3 种方法。

（1）在搜索框中搜索。

在 Windows 10 底部窗口单击"搜索框"，打开"搜索 Windows"文本框，在文本框中输入"Excel"，列表框中会显示查询到的相关软件或文件。这里单击"Excel 桌面应用"按钮，即可启动 Excel 2019。

（2）使用桌面快捷方式。

双击桌面 Excel 2019 的快捷方式图标，即可启动 Excel 2019。

（3）双击文档启动。

双击计算机中存储的 Excel 文档，即可直接启动 Excel 2019 并打开文档。

3.3.2　Excel 2019 的退出

与启动一样，退出也是最基本的操作。Excel 2019 的退出方法有以下两种。

（1）通过标题栏按钮关闭。

单击 Excel 2019 标题栏右上角的"关闭"按钮，即可退出 Excel 2019。

（2）使用快捷键关闭。

按"Alt+F4"组合键也可退出 Excel 2019。

3.3.3　设置默认启动工作簿

如果每天都处理一些同样的 Excel 文件，如果在启动 Excel 后，不想再花费大量的时间去查找、选择所需的 Excel 文件，可以设置在启动程序时让系统自动打开指定的工作簿。让 Excel 启动时自动打开指定工作薄的方法有如下两种。

（1）利用 XLSTART 文件夹。

利用 Windows 搜索功能，在本机上查找名为"XLSTART"的文件夹。通常情况下，会找到两个或两个以上的同名文件夹（个数会因 Office 版本的不同而不同），其中一个位于 Office 软件安装目录下，即"C:\Program Files\Microsoft Office\Office14\XLSTART"。另一个位于本机各用户名的配置文件夹中，即"C:\Documents and Settings\〈用户名〉\Application Data\Microsoft\Excel\XLSTRAT"，通常情况下此配置文件夹是处于隐藏状态的。

任何存放在 XLSTART 文件夹里面的 Excel 文件都会在 Excel 启动时自动打开，因此只要把需要打开的文件放在 XLSTART 文件夹里即可。

（2）在"文件"中设置。

步骤 1：切换至"文件"选项卡，在左侧导航栏上单击"选项"标签，打开"Excel 选项"对话框（图 3.7）。

步骤 2：单击"高级"标签，在对应的右侧窗格中滑动页面至"常规"选项下，在"启动时打开此目录中的所有文件"文本框中进行设置即可。这里设置的是单个工作簿，因此输入的文本是"C:\Users\Administrator\Desktop\ 电子发票"具体路径（图 3.7）。

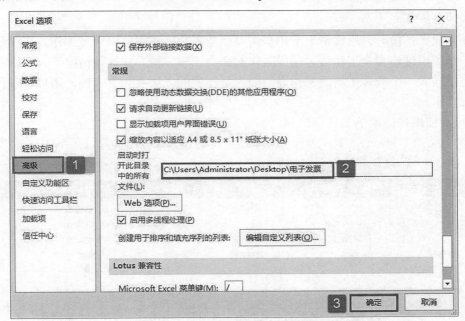

图 3.7　"Excel 选项"对话框

3.4　工作表基本操作

在 Excel 中，对工作表的操作是最基本也是最常用的操作，如新建工作表、插入新工作表、移动或复制工作表等。本节将介绍一些关于工作表的操作技巧，用户掌握这些技巧后，可以快速便捷地对 Excel 工作表进行操作。

3.4.1　工作表的常用操作

在制作工作簿数据之前，用户需要掌握工作表的新建、插入、移动或复制等常用操作方法，本节将对其进行详细介绍。

1. 新建工作表

新建工作表是用户对 Excel 进行操作的第一步，几乎所有的操作都是在工作表中进行的，因此新建工作表是使用 Excel 的前提。新建工作表的方法有多种，用户可根据需要任选其中一种进行操作。下面介绍 3 种方法：

（1）切换至"文件"选项卡，在页面左侧的导航栏中单击"新建"标签，打开"新建"对话框，在中间窗格"可用模板"的列表框中选择"空白工作簿"（系统默认）选项即可。

（2）按"Ctrl+N"组合键。

（3）单击"快速访问工具栏"中的"新建"按钮。

以上方法均可在新建工作簿的同时创建新的工作表。如果想在当前使用的工作簿中增加工作表的数量，则可以选择插入工作表，详见下面的内容。

2. 插入工作表

在创建工作簿时，通常情况下用户需要创建多个工作表，以满足工作需要，最好在同一工作簿中创建多个工作表，这样工作起来会比较方便。在这种情况下，可以在同一工作簿中插入一个或多个新的工作表。插入工作表的方法有如下 4 种，用户可以任选一种进行操作。

（1）使用快捷菜单工具。

步骤 1：在"Sheet1"工作表标签处单击鼠标右键，在弹出的隐藏菜单中选择"插入"选项（图 3.8），打开"插入"对话框。

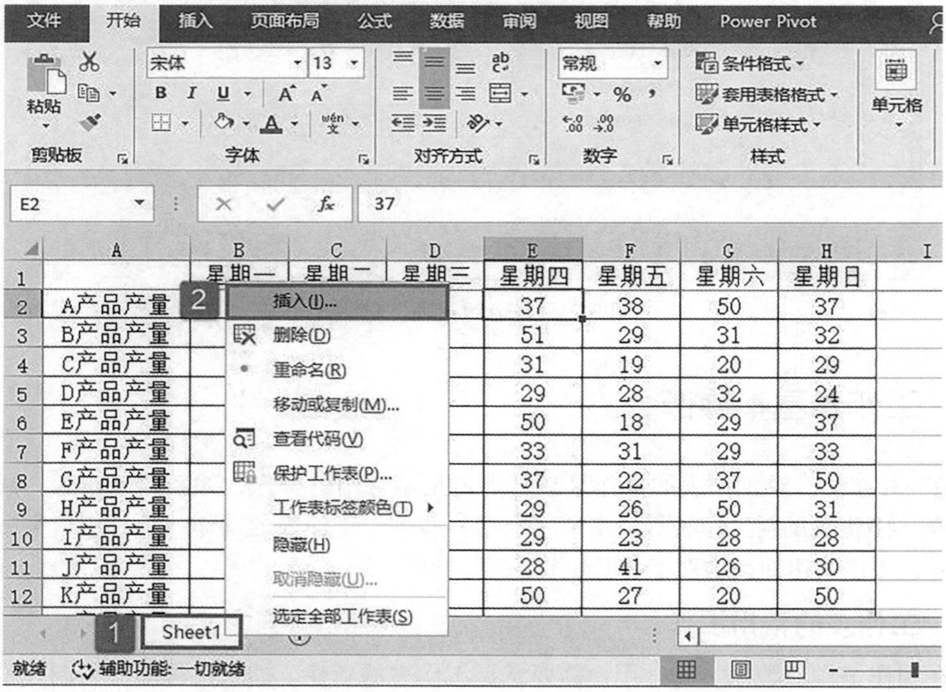

图 3.8　选择"插入"选项

步骤 2：切换至"常用"选项卡，在下方列表框中选择"工作表"选项，单击"确定"（图 3.9）按钮返回 Excel 程序界面，可以看到在刚才选择的工作表标签前插入了一个新的工作表。

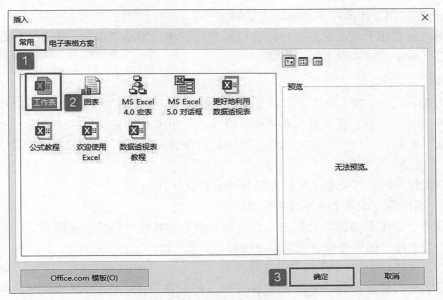

图 3.9　选择插入"工作表"

（2）单击工作表标签右侧的"插入工作表"按钮。

（3）单击功能区的"插入"按钮。切换至"开始"选项卡，在"单元格"组中单击"插入"下的三角形按钮，在展开的下拉列表中选择"插入工作表"选项，即可插入一个新的工作表。

（4）按"Shift+F11"组合键。

3. 移动或复制工作表

使用 Excel 时，经常需要在工作表之间移动或复制数据，或复制整个工作表。复制一个工作表中所有单元格的内容和复制整个工作表是有区别的。复制整个工作表不仅包括复制工作表中的所有单元格，还包括复制该工作表的页面设置参数及自定义区域名称等。移动与复制工作表的方法有如下 4 种，用户在操作时可以任选一种。

（1）使用"Shift"键进行辅助。

单击鼠标左键选择需要移动与复制的工作表标签，在按住"Shift"键的同时拖动工作表标签到目标位置。然后，松开"Shift"键和鼠标左键，这样就完成了在同一个工作簿中整个工作表的移动与复制。

（2）按"Alt+E+M"组合键。

（3）使用快捷菜单工具。

步骤 1：在需要移动或复制的工作表标签处单击鼠标右键，在弹出的隐藏菜单中选择"移动或复制"选项，打开"移动或复制工作表"对话框。

步骤 2：在"下列选定工作表之前"列表框中，选择工作表要移动与复制到的目标位置，这里选择"移至最后"选项，勾选"建立副本"复选框，然后单击"确定"按钮，返回工作表后便会在目标位置复制一个相同的工作表。

以上 3 种方法均讲的是在同一工作簿中进行移动或复制。

（4）在不同工作簿间进行移动或复制。

这种方法适用于在不同的工作簿窗口间进行移动或复制工作表，因此使用此方法的前提是打开两个或两个以上的工作簿。

4. 选择工作表

使用 Excel 2019 时，经常需要在 Excel 中选择一个或多个工作表。在 Excel 中快速选择一个或多个工作表，能提高工作效率。在 Excel 2019 中快速选择一个或多个工作表的方法有如下 6 种，用户可根据实际情况选择最适合的一种。

（1）选择一个工作表。

在该工作表的标签处单击鼠标左键即可选择该工作表。

（2）选择两个或多个相邻的工作表。

在第 1 个工作表的标签处单击鼠标左键，然后在按住"Shift"键的同时，在要选择的最后一个工作表的标签处单击鼠标左键即可。

（3）选择两个或多个不相邻的工作表。

在第 1 个工作表的标签处单击鼠标左键，然后在按住"Ctrl"键的同时，在要选择的其他工作表的标签处单击鼠标左键。

（4）选择工作簿中的所有工作表。

在当前工作表的标签处单击鼠标右键，在弹出的隐藏菜单中选择"选定全部工作表"选项（图 3.10），即可选中工作簿中的所有工作表。

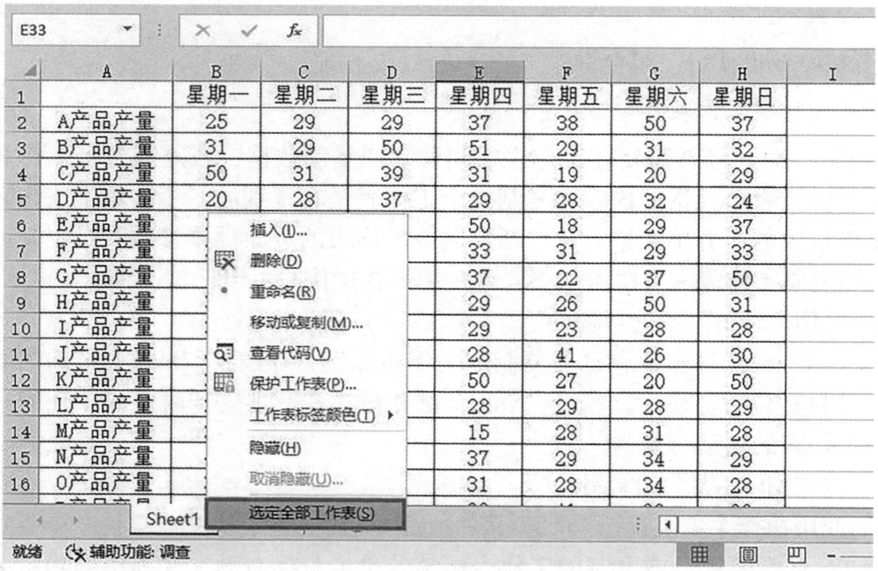

图 3.10　选定工作簿中的所有工作表

（5）选择当前和下一个相邻的一个或多个工作表。

确认当前工作表，然后按"Shift+Ctrl+Page Down"组合键向后进行选择。

（6）选择当前和上一个相邻的一个或多个工作表。

确认当前工作表，然后按"Shift+Ctrl+Page Up"组合键向前进行选择。

5. 切换工作表

如果一个 Excel 工作簿中包括许多工作表，可以通过单击窗口下方的工作表标签进行切换。除此之外，还有一些不经常使用的工作表切换技巧，下面逐一进行介绍。

（1）用快捷键快速切换工作表。

按"Ctrl+Page Up"组合键可以切换至上一张工作表，按"Ctrl+Page Down"组合键可以切换至下一张工作表。

（2）采用工作表导航按钮定位工作表。

单击 Excel 窗口左下角的工作表导航按钮，将没有显示出来的工作表显示出来，然后单击工作表标签切换到某特定的工作表。

（3）通过工作表导航菜单定位工作表。

如果工作簿中包含大量工作表，如数十个甚至上百个，在 Excel 窗口底部就不能显示出全部的工作表标签，无论是使用单击标签法，还是使用上述的快捷键法，都无法快速而准确地定位到特定的工作表。这时，可以在 Excel 窗口左下角的工作表导航按钮区域的任一位置单击鼠标右键，这时会弹出如图 3.11 所示的"激活"对话框，在"活动文档"列表框中选择某一个工作表选项，即可快速定位到该工作表。

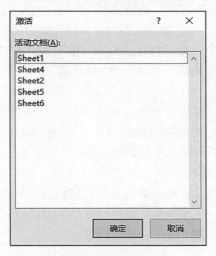

图 3.11　选择"活动文档"

6. 设置工作表对齐方式

新建的工作表默认的水平对齐方式是靠右对齐，垂直对齐方式是居中。例如，在当前单元格中输入数字"1"，移动单元格后，数字 1 便自动向右对齐。当然，在 Excel 2019 中有多种对齐方式，用户在操作时可以根据个人需要或习惯选择其他的对齐方式。

对齐选定的多个对象通常使用以下两种方法：一种是使用功能区按钮，另一种是使用"设置单元格格式"对话框。

使用功能区按钮对齐选定的多个对象的具体操作步骤如下。

步骤 1：打开"产量统计 .xlsx"工作簿，选择 A1:H9 单元格区域，切换至"开始"选项卡，单击"对齐方式"组中的"左对齐"按钮。

步骤 2：选择 A10:H20 单元格区域，切换至"开始"选项卡，单击"对齐方式"组中的"居中"按钮。

3.4.2 单元格常用操作

本节将介绍选择单元格、定位单元格、插入单元格等单元格常用操作。

1. 选择单元格

选择单元格是 Excel 用户经常需要进行的操作。单元格的选取也有一定的技巧，掌握这些技巧后，用户便可以准确而快速地选择单元格。选择工作表中的单元格通常分为以下 8 种情况。

（1）使用"Shift"键选择较大区域。

如果需要选择一个较小的单元格区域，直接用鼠标拖动就可以完成了。在很多情况下，要选择的单元格区域超出了屏幕的显示范围，这时就可以使用"Shift"键进行选择，下面通过实例进行说明。

方法一：先选择 G1 单元格，在左手按住"Shift"键的同时，右手按"Home"键，这时 A1:G1 单元格都被选择了。左手按住"Shift"键不放，右手放开"Home"键，按"向下"方向键到希望选择的行数，这里选择 27，这时就选择了 A1:G27 单元格区域。

方法二：先选择 A1 单元格，在左手按住"Shift"键的同时，右手按"向右"方向键，直到 A1:G1 单元格都被选中。左手按住"Shift"键不放，按"向下"方向键到希望选择的行数，这里选择 27，这时就选择了 A1:G27 单元格区域。

（2）选择整行。

方法一：用鼠标选择。在行号处单击鼠标左键即可选择整行。如果选中整行后再向下或向上拖动鼠标，就可以选择多个连续的行。如果选择不相邻的行，则可以按住"Ctrl"键，然后在相应的行号处单击鼠标左键即可。

方法二：用键盘进行选择。

①选择整行：先选择目标行的任意单元格，然后按"Shift+Space"组合键即可。

②选择多个连续的行：先选择最上面的行或最下面的行，然后按住"Shift"键，再按"向下"方向键或"向上"方向键扩展选区即可。

（3）选择整列。

方法一：用鼠标选择。在列标处单击鼠标左键即可选择整列。如果选择整列后再向左或向右拖动鼠标，就可以选择多个连续的列。如果选择不相邻的列，则可以按住"Ctrl"键，然后在相应的列标处单击鼠标左键即可。

方法二：用键盘进行选择。

①选择整列：先选择目标列的任意单元格，然后按"Ctrl+Shift"+"向上"方向键组合键即可。

②选择多个连续的列：先选择最左面的列或最右面的列，然后按住"Shift"键，再按"向右"方向键或"向左"方向键扩展选区即可。

（4）选择非连续区域。

如果同时选择多个不相邻的单元格或单元格区域，则可以在按住"Ctrl"键的同时，用鼠标去选择不同的区域。用键盘组合键同样可以选择两个非连续区域，先用鼠标选中一个区域，然后按"Shift+F8"组合键，再用鼠标选中另一个区域即可。

（5）选择当前数据区域。

先选中当前数据区域中任意一个单元格，然后按"Ctrl+*"快捷键，即可选择当前数据区域。注意，这种方法选择的是当前数据所在的矩形区域。

（6）反向选择剩余行。

在使用 Excel 2019 时，有时需要选择指定行以外的所有行，这是一个相当大的区域，这时可以采用反向选择剩余行的方法。具体操作方法如下。

先整行选择指定行的下一行，然后按"Ctrl+Shift"+"向下"方向键的组合键，则会选择从指定行的下一行开始，到第 1048576 行的所有行。

按"Ctrl+Shift"+"向上"方向键的组合键，则会选择从指定行开始到第 1 行的所有行。

（7）反向选择剩余列。

同样，在使用 Excel 2019 时，有时需要选择指定列以外的所有列，这也是一个相当大的区域，这时可以采用反向选择剩余列的方法。具体操作方法如下。

先整列选择指定列的右一列，然后按"Ctrl+Shift"+"向右"方向键的组合键，则会选择从指定列的右一列开始，到 16384 列的所有列。

按"Ctrl+Shift"+"向左"方向键的组合键，则会选择从指定列开始到第 1 列的所有列。

（8）选择多个工作表的相同区域。

在 Excel 2019 中，用户不仅能在一个工作表中选择多个区域，还可以在多个工作表中选择相同区域。具体操作方法如下。

先在任意一个工作表中选择数据区域，然后按住"Ctrl"键，单击其他工作表的标签，此时就选中了多个工作表的相同区域（图 3.12）。

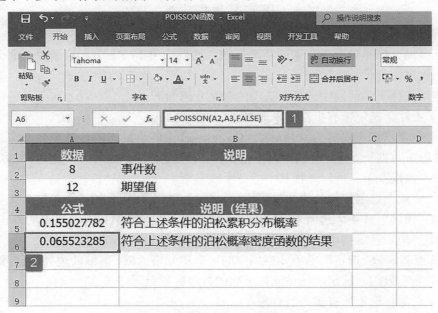

图 3.12　选择多个工作表的相同区域

2. 快速定位单元格

前面介绍了如何快速选择一个或多个单元格区域，前提是用户必须知道需要选择的单元格或单元格区域的地址。如果用户希望在工作表中选择具有特殊性的单元格（如包含公式的单元格），但在选择前不知道它们的具体地址，这时如果再用前面介绍的方法去选择，就会浪费时间，工作效率也会降低。此时可以选择利用 Excel 2019 内置的定位功能。

打开"产量统计 .xlsx"工作簿，按"F5"键，这时会弹出"定位"对话框。如果选择已知地址的单元格区域（如 A1:C6），则可以在"定位"对话框中的"引用位置"下方的文本框中输入"A1:C6"，然后单击"确定"按钮。返回 Excel 2019 操作界面，工作表上的 A1:C6 单元格区域已经被选中。

在"定位条件"对话框中，包含许多用于定位的选项。选择其中的一项，Excel 会在目标区域内选择所有符合该条件的单元格。

如果在目标区域内没有找到符合条件的单元格，Excel 会弹出一个如图 3.13 所示的提示框，来提示用户"未找到单元格"。

图 3.13　提示对话框

所谓目标区域，就是指如果用户在使用定位功能前，只选中了一个单元格，那么定位的目标区域，就是整个工作表的活动区域。如果选中了一个单元格区域，那么目标区域就是已被选中的单元格区域。

"定位条件"对话框中，各个选项的含义介绍如下：

（1）批注：选定带有批注的单元格。

（2）常量：选定内容为常量的单元格。Excel 中的常量指的是数字、文本、日期或逻辑值等静态数据，公式计算的结果不是常量。常量选项包含 4 个（"数字""文本""逻辑值"和"错误"），可以选择其中的一个或多个。

（3）公式：选定包含公式的单元格。与常量一样，可以使用"数字""文本""逻辑值"和"错误"这 4 个选项来细化定位条件，以寻找计算结果符合要求的公式。

（4）空值：选定空单元格（即没有任何内容的单元格）。

（5）当前区域：选定活动单元格周围的矩形单元格区域，区域的边界为空行或空列。

（6）当前数组：选定活动单元格所在的数组区域单元格。

（7）对象：选定所有插入的对象。

（8）行内容差异单元格：目标区域的每行中的内容与其他单元格不同的单元格。

（9）列内容差异单元格：目标区域的每列中的内容与其他单元格不同的单元格。

（10）引用单元格：选定活动单元格或目标区域中公式所引用的单元格，可以选定直接引用的单元格或所有级别的引用单元格。

（11）从属单元格：选定引用了活动单元格或目标区域中公式所在的单元格，可以选定直属单元格或所有级别的从属单元格。

（12）最后一个单元格：选定目标区域中右下角带有数据或格式设置的单元格。

（13）可见单元格：选定可以看到的单元格。

（14）条件格式：选定应用了条件格式的单元格。

（15）数据验证：选定设置了数据有效性的单元格。子选项"全部"指的是所有包含数据有效性的单元格，子选项"相同"指的是仅与活动单元格具有相同有效性规则的单元格。

3. 插入单元格

在操作工作表的过程中，某些情况下需要插入一个或多个单元格。在工作表中插入单元格的方法通常有两种，以下详细介绍在工作表中快速插入多个单元格的具体操作方法。

（1）标准方法。

步骤 1：选择 D3 单元格，切换至"开始"选项卡，在"单元格"组中单击"插入"下的三角形按钮，在展开的下拉列表中选择"插入单元格"选项。

步骤 2：弹出"插入"对话框，选择插入"整行"选项，然后单击"确定"按钮。

（2）快捷方法。

选择 A3:H3 单元格区域，在按住"Shift"键的同时将鼠标放置到选区的右下角，当光标变为分隔箭头时，再继续向下或向右拖动鼠标，拖动的单元格区域就是插入单元格的区域，拖动的方向就是活动单元格移动的方向。拖动完毕释放鼠标，此时便可以完成单元格区域的插入。

3.4.3 工作窗口的视图控制

窗口和视图被用来表示应用程序的可视内容和管理与用户的直接交互。在 Excel 2019 中，能熟练地对工作窗口进行操作，可大大提高用户的工作效率。

1. 冻结窗格

在工作表中处理大量数据时，可能会看不到前面的行或列。这时就需要利用 Excel 的冻结或锁定功能将行与列进行锁定。下面通过实例简单介绍冻结或锁定工作表的行与列的具体操作步骤。

切换至"视图"选项卡，在"窗口"组中单击"冻结窗格"下的三角形按钮，在展开的下拉列表中选择"冻结首行"选项或"冻结首列"选项，则第 1 行或第 1 列就被冻结了。

2. 取消冻结窗格

如果要取消冻结窗格，再次切换至"视图"选项卡，在"窗口"组中单击"冻结窗格"下的三角形按钮，在展开的下拉列表中选择"取消冻结窗格"选项即可。

3.5 工作表页面布局与打印设置

在 Excel 工作表中处理的数据，很多情况下是需要打印输出的。因此，用户需要精确地控制打印输出的内容、打印工作表的页面设置或打印机的设置等。本节将介绍如何对工作表页面进行布局，以及打印设置时需应用的操作技巧。

3.5.1 设置表格格式

为了使制作好的表格与数据内容更协调，通常还需要对表格进行必要的格式设置。下面具体介绍在 Excel 2019 中设置表格格式的技巧。

1. 设置表格主题

Excel 2019 采用系统默认的外观（图 3.14）。用户在使用工作表的过程中，如果不喜欢工作表的默认外观，可以利用自定义格式对其进行外观设置。Excel 2019 允许用户更改 Excel 的主题，以快速地改变工作表的外观。下面简单介绍如何利用主题快速改变工作表的外观。

	B	C	D	E	F	G	H
1	星期一	星期二	星期三	星期四	星期五	星期六	星期日
2	25	29	29	37	38	50	37
3	31	29	50	51	29	31	32
4	50	31	39	31	19	20	29
5	20	28	37	29	28	32	24
6	37	37	31	50	18	29	37
7	29	29	28	33	31	29	33
8	16	28	28	37	22	37	50
9	31	28	29	29	26	50	31
10	30	29	31	29	23	28	28
11	50	36	41	28	41	26	30
12	28	31	28	50	27	20	50
13	29	23	31	28	29	28	29
14	27	29	28	15	28	31	28

图 3.14 默认工作表外观

步骤 1：打开"产品产量统计表 .xlsx"工作簿，选择 A1:H27 单元格区域，切换至"开始"选项卡，在"样式"组中单击"套用表格格式"下的三角形按钮，在展开的下拉列表中选择"浅色"系列的"浅黄，表样式浅色 19"选项（图 3.15）。套用表格格式效果如图 3.16 所示。

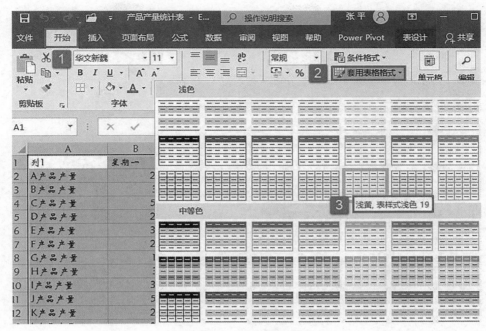

图 3.15　选择表格格式

B	C	D	E	F	G	H
星期一	星期二	星期三	星期四	星期五	星期六	星期日
25	29	29	37	38	50	37
31	29	50	51	29	31	32
50	31	39	31	19	20	29
20	28	37	29	28	32	24
37	37	31	50	18	29	37
29	29	28	33	31	29	33
16	28	28	37	22	37	50
31	28	29	29	26	50	31
30	29	31	29	23	28	28
50	36	41	28	41	26	30
28	31	28	50	27	20	50
29	23	31	28	29	28	29
27	29	28	15	28	31	28

图 3.16　套用表格格式效果

　　步骤 2：切换至"页面布局"选项卡，在"主题"组中单击"主题"下的三角形按钮，在展开的下拉列表中选择"平面"主题（图 3.17）。"平面"主题效果如图 3.18 所示。

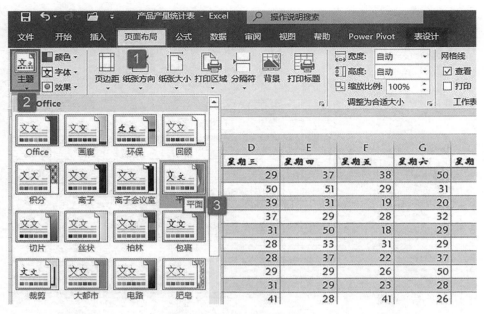

图 3.17　选择"平面"主题

	A	B	C	D	E	F	G	
13	L产品产量	29	23	31	28	29	28	
14	M产品产量	27	29	28	15	28	31	
15	N产品产量	41	50	41	37	29	34	
16	O产品产量	31	28	27	31	28	34	
17	P产品产量	28	28	28	28	41	28	
18	Q产品产量	26	41	29	28	41	29	
19	R产品产量	31	50	29	33	29	35	
20	S产品产量	29	35	41	28	31	50	
21	T产品产量	26	31	29	41	28	28	
22	U产品产量	29	23	31	28	29	28	
23	V产品产量	20	28	37	29	28	29	
24	W产品产量	20	20	36	29	28	29	
25	X产品产量	20	25	25	29	29	31	
26	Y产品产量	20	32	36	29	36	41	
27	Z产品产量	20	25	28	29	31	28	

图 3.18　"平面"主题效果

　　步骤 3：切换至"页面布局"选项卡，在"主题"组中单击"颜色"下的三角形按钮，在展开的下拉列表中选择"黄绿色"选项（图 3.19）。由于在主题列表中选择了"平面"选项，在颜色、字体和效果弹出的列表中都会默认是"平面"主题颜色、"平面"主题字体和"平面"主题效果，当然也可以选择其他选项。表格格式最终效果图如图 3.20 所示。

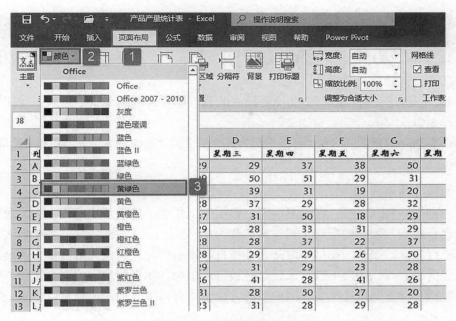

图 3.19　选择主题颜色

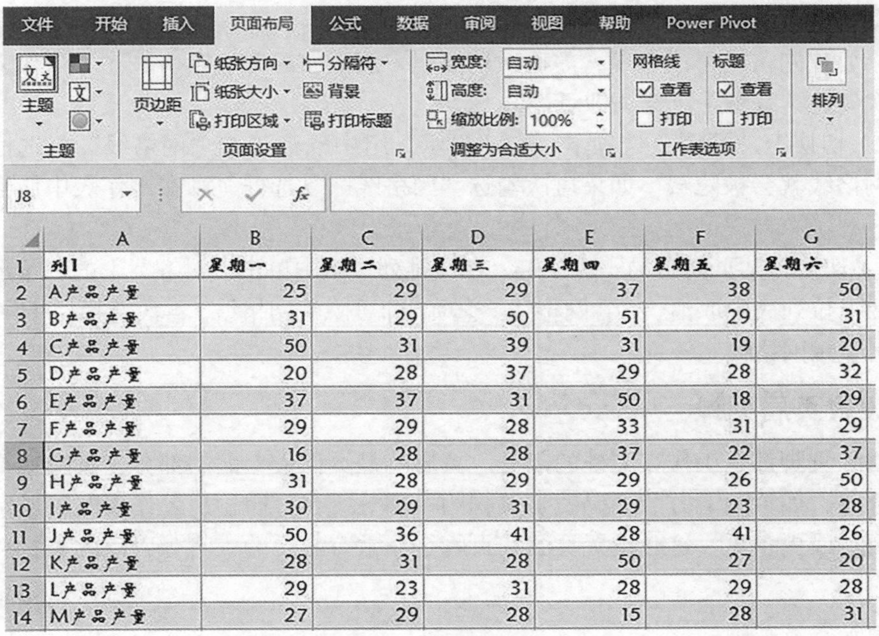

图 3.20　表格格式最终效果图

2. 设置表格背景

在默认的工作表中，所有工作表的背景都是白色的。可以选择一种颜色填充工作表单元格，也可以选择一幅图像作为工作表的背景。选择一幅图像作为工作表背景的具体操作步骤如下：

步骤 1：打开"产品产量统计表 .xlsx"工作簿，切换至"Sheet2"工作表。在"页面布局"选项卡下的"页面设置"组中单击"背景"按钮。打开"插入图片"对话框。

步骤 2：在"插入图片"对话框中选择"从文件中选择背景"，选择"浏览"具体位置。打开"工作表背景"对话框。

步骤 3：在打开的对话框中选择要插入的背景图片，然后单击"插入"按钮将图片插入工作表中。

如果要删除背景图片，在"页面布局"选项卡下的"页面设置"组中单击"删除背景"按钮即可。

3. 显隐表格框线

在启动 Excel 2019 时，无论是编辑过数据的工作表，还是新建的工作表，通常情况下用户会看到行与列间的框线（通常将其称为网格线）。这种框线是一种虚拟线，如果不对其进行特殊的设置，在打印时是不会被打印出来的。它与设置的边框有明显区别，设置的边框是实线，即使不进行设置也会被打印出来。如果用户不想看到框线，则可以不显示框线。设置隐藏还是显示网格线的方法通常有以下 3 种，用户可以任选一种进行操作。

（1）打开"产品产量统计表 .xlsx"工作簿，切换至"页面布局"选项卡，在"工作表选项"组中取消勾选"查看"复选框。

如果要让网格线再次显现，需再次切换至"页面布局"选项卡，在"工作表选项"组中再次勾选"查看"复选框即可。

（2）切换至"视图"选项卡，在"显示"组中取消勾选"网格线"复选框，工作表中的网格线就会被隐藏。如果再次勾选"网格线"复选框，则在工作表中便会显示出网格线。

（3）切换至"页面布局"选项卡，在"排列"组中单击"对齐"下的三角形按钮，在展开的下拉列表中取消"查看网格线"选项，即可隐藏网格线。再次选择"查看网格线"选项便可显示网格线。

3.5.2 设置页眉页脚

页眉和页脚都是工作表之外的部分。页眉就是页面最上面的部分，页脚就是页面最下面的部分，如页面下方的页码就是页脚的一部分。在打印输出工作表时，通常情况下会打印两页或更多页，这时设置页眉和页脚是非常有必要的，将为以后的查找和阅读提供便利。

1. 添加页眉页脚

要为工作表添加页眉页脚，通常情况下有以下两种方法。

（1）通过页面布局设置。

步骤 1：打开"产品产量统计表 .xlsx"工作簿，切换至"Sheet1"工作表。在工作表页面切换至"页面布局"选项卡，在"页面设置"组中单击"打印标题"按钮打开"页面设置"对话框（图 3.21）。

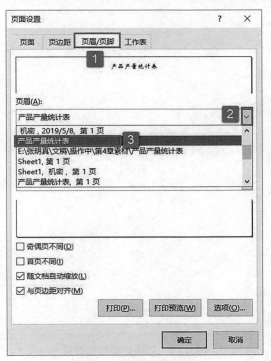

图 3.21　单击"打印标题"按钮

步骤 2：在"页面设置"对话框中切换至"页眉 / 页脚"选项卡，单击"页眉"选择框右侧的下拉按钮，在展开的下拉列表中选择"产品产量统计表"选项（图 3.22）。

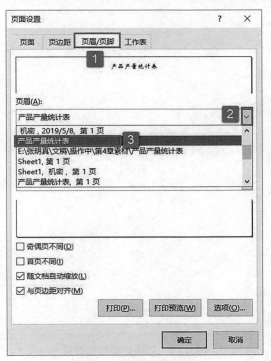

图 3.22　设置页眉

步骤 3：单击"页脚"选择框右侧的下拉按钮，在展开的下拉列表中选择"第 1 页"选项。

如果用户希望看到设置页眉页脚后的效果，单击"页面设置"对话框中的"打印预览"按钮即可在"打印"预览对话框中查看效果。页眉页脚打印效果如图 3.23 所示。

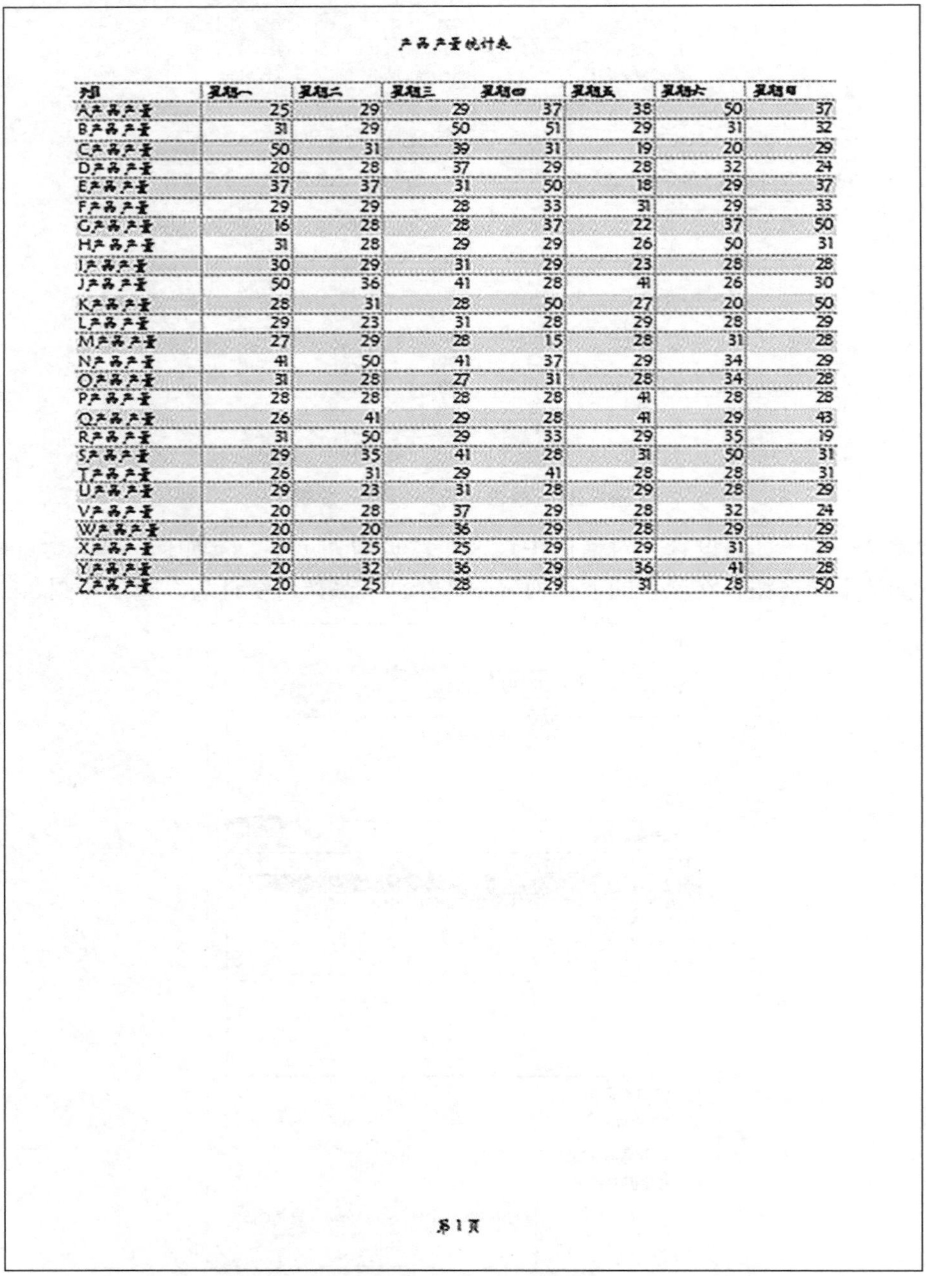

产品产量统计表

列	星期一	星期二	星期三	星期四	星期五	星期六	星期日
A产品产量	25	29	29	37	38	50	37
B产品产量	31	29	50	51	29	31	32
C产品产量	50	31	39	31	19	20	29
D产品产量	20	28	37	29	28	32	24
E产品产量	37	37	31	50	18	29	37
F产品产量	29	29	28	33	31	29	33
G产品产量	16	28	28	37	22	37	50
H产品产量	31	28	29	29	26	50	31
I产品产量	30	29	31	29	23	28	28
J产品产量	50	36	41	28	41	26	30
K产品产量	28	31	28	50	27	20	50
L产品产量	29	23	31	28	29	28	29
M产品产量	27	29	28	15	28	31	28
N产品产量	41	50	41	37	29	34	29
O产品产量	31	28	27	31	28	34	28
P产品产量	28	28	28	28	41	28	28
Q产品产量	26	41	29	28	41	29	43
R产品产量	31	50	29	33	29	35	19
S产品产量	29	35	41	28	31	50	31
T产品产量	26	31	29	41	28	29	31
U产品产量	29	23	31	28	29	28	29
V产品产量	20	28	37	29	28	32	24
W产品产量	20	20	36	29	28	29	29
X产品产量	20	25	25	29	29	31	29
Y产品产量	20	32	36	29	36	41	28
Z产品产量	20	25	28	29	31	28	50

第1页

图 3.23　页眉页脚打印效果

（2）通过插入设置。

步骤 1：切换至"插入"选项卡，单击"文本"下的三角形按钮，在展开的下拉列表中选择"页眉和页脚"选项。

步骤 2：此时，在工作表的上方和下方分别会出现一个页眉文本框和页脚文本框，在光标闪烁的位置输入页眉或页脚即可。这里在页眉处输入"产品产量统计表"，在页脚处输入"第 1 页"。

2. 自定义页眉页脚

如果用户在下拉列表中没有找到合适的页眉和页脚，则可以单击"自定义页眉"和"自定义页脚"按钮，在弹出的"页眉"和"页脚"对话框中进行自定义设置。

3. 设置奇偶页眉页脚

有的用户在设置页眉页脚时，会为奇偶页设置不同的页眉页脚，通常也有两种方法，用户可以任意选择一种进行操作。

（1）通过插入设置。

步骤 1：切换至"插入"选项卡，单击"文本"下的三角形按钮，在展开的下拉列表中选择"页眉和页脚"选项。

步骤 2：切换至"页眉和页脚"选项卡（图 3.24），在选项组中勾选"奇偶页不同"复选框，此时工作表会根据打印区域自动显示奇数页页眉和偶数页页眉文本框，在光标闪烁的位置输入奇偶页不同的页眉和页脚即可。这里奇数页页眉输入"产品产量统计"，偶数页页眉输入"产品产量分析"，页脚均不进行设置。

图 3.24　选择"页眉和页脚"选项

步骤 3：设置完成后，按"Ctrl+P"组合键可以在打印预览中查看奇偶页不同页眉设置的效果。图 3.25 为奇数页页面设置效果。

产品产量统计

列1	星期一	星期二	星期三	星期四
A产品产量	25	29	29	37
B产品产量	31	29	50	51
C产品产量	50	31	39	31
D产品产量	20	28	37	29
E产品产量	37	37	31	50
F产品产量	29	29	28	33
G产品产量	16	28	28	37
H产品产量	31	28	29	29
I产品产量	30	29	31	29
J产品产量	50	36	41	28
K产品产量	28	31	28	50
L产品产量	29	23	31	28
M产品产量	27	29	28	15
N产品产量	41	50	41	37
O产品产量	31	28	27	31
P产品产量	28	28	28	28
Q产品产量	26	41	29	28
R产品产量	31	50	29	33
S产品产量	29	35	41	28
T产品产量	26	31	29	41
U产品产量	29	23	31	28
V产品产量	20	28	37	29
W产品产量	20	20	36	29
X产品产量	20	25	25	29
Y产品产量	20	32	36	29
Z产品产量	20	25	28	29

图 3.25　奇数页页面设置效果

（2）通过页面布局设置。

切换至"页面布局"选项卡，单击"页面设置"组中的对话框启动器按钮打开"页面设置"对话框。切换至"页眉/页脚"选项卡，勾选"奇偶页不同"复选框，然后单击"确定"按钮即可完成设置（图 3.26）。

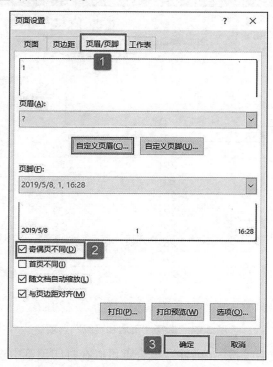

图 3.26　勾选"奇偶页不同"复选框

4. 缩放页眉页脚

文档可以进行收缩或拉伸后再打印输出，同样页眉和页脚也可以随文档自动缩放。只需要一步简单的设置，即可实现页眉和页脚随文档自动缩放，通常有两种方法，用户可根据需要任选一种进行操作。

方法一：切换至"页面布局"选项卡，单击"页面设置"组中的对话框启动器按钮，打开"页面设置"对话框。切换至"页眉 / 页脚"选项卡，勾选"随文档自动缩放"复选框，然后单击"确定"按钮即可完成设置。

方法二：切换至"插入"选项卡，单击"文本"下的三角形按钮，在展开的下拉列表中选择"页眉和页脚"选项，然后切换至"页眉和页脚"选项卡，在"选项"组中勾选"随文档一起缩放"复选框即可完成设置。

5. 对齐页眉页脚

有时，用户希望页眉和页脚在打印输出时与页边距对齐。这时，可以通过以下两种方法进行设置，用户可根据实际情况任选一种方法进行操作。

（1）切换至"页面布局"选项卡，单击"页面设置"组中的对话框启动器按钮打开"页面设置"对话框。切换至"页眉 / 页脚"选项卡，勾选"与页边距对齐"复选框，然后单击"确定"按钮即可完成设置。

（2）切换至"插入"选项卡，单击"文本"下的三角形按钮，在展开的下拉列表中选择"页眉和页脚"选项，然后切换至"页眉和页脚"选项卡，在"选项"组中勾选"与页边距对齐"复选框即可完成设置。

6. 插入页眉页脚图片

Excel 2019 允许在页眉页脚中插入图片，如公司的标志、单位徽标或个人标识等。在页眉页脚中插入各类标志性图片，不仅实用，对公司或个人也是一种宣传。

3.5.3　打印设置

设置合适的打印格式，能有效地呈现表格。

1. 页边距设置

如果要对文档进行打印输出，对整个文档或当前节的页边距大小进行设置是非常有必要的。如果页边距太大，会造成纸张的浪费；如果页边距太小，则打印后的文档会不清晰，或超出了打印的范围，致使很多数据没有被打印出来。下面介绍设置整个文档或当前节的页边距大小的具体操作步骤。

步骤 1：打开"产品产量统计表 .xlsx"工作簿，切换至"Sheet1"工作表，切换至"页面布局"选项卡，在"页面设置"组中单击"页边距"下的三角形按钮，在展开的下拉列表中选择"自定义边距"选项打开"页面设置"对话框。

步骤 2：分别将"上"边距和"下"边距设置为 1.9，"左"边距和"右"边距设置为 1.8，并将"页眉"边距和"页脚"边距设置为 0.8，这些数值将控制页边距的大小。然后，在"居中方式"列表框中勾选"水平"复选框和"垂直"复选框，最后单击"确定"按钮完成页边距的设置。

2. 设置打印纸张方向

在对工作表进行打印输出时，设置打印纸张的方向是打印过程中最基本的操作。纸张的方向有两种：横向和纵向。设置打印纸张方向通常有以下 3 种方法，用户可根据实际情况选择其中一种进行操作。

（1）切换至"文件"选项卡，在左侧导航栏中单击"打印"标签，在右侧的"打印"对话框中单击"设置"列表中的"横向"下的三角形按钮，在展开的下拉列表中选择"横向"选项或"纵向"选项即可。

（2）切换至"页面布局"选项卡，在"页面设置"组中单击"纸张方向"下的三角形按钮，在展开的下拉列表中选择"横向"选项或"纵向"选项即可。

（3）切换至"页面布局"选项卡，单击"页面设置"组中的对话框启动器按钮打开"页面设置"对话框，在"页面"选项卡中的"方向"列表下单击"横向"或"纵向"按钮，最后单击"确定"按钮即可完成设置。

3. 设置打印纸张大小

在打印输出工作表时，打印纸张的大小决定了文档在输出时的纸张大小（如选择 A4 或 B5 纸张大小）。设置打印纸张的大小通常有以下 3 种方法，用户可以任选其中一种进行操作。

（1）切换至"文件"选项卡，在左侧导航栏中单击"打印"标签，在右侧的"打印"对话框中单击"设置"列表中的"A4"下的三角形按钮，在展开的下拉列表中选择一种纸张大小即可（图 3.27）。默认的纸张大小是 A4。

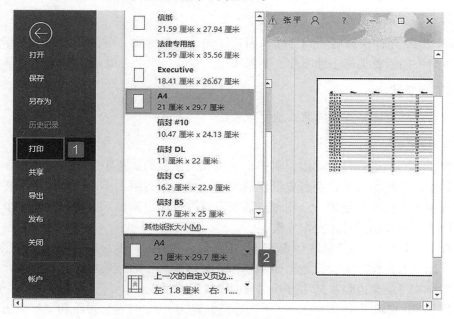

图 3.27　纸张大小列表

（2）切换至"页面布局"选项卡，在"页面设置"组中单击"纸张大小"下的三角形按钮，在展开的下拉列表中选择一种纸张大小即可（图 3.28）。

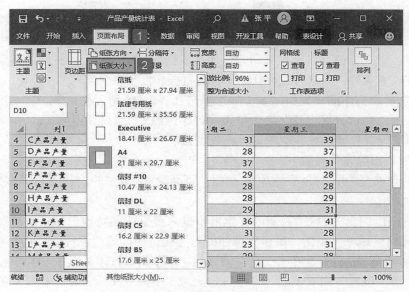

图 3.28　"页面布局"中设置纸张大小

（3）切换至"页面布局"选项卡，单击"页面设置"组中的对话框启动器按钮打开"页面设置"对话框。在"页面"选项卡中单击"纸张大小"选择框右侧的三角形按钮，在展开的下拉列表中选择一种纸张大小。这里选择常用的"A4"，最后单击"确定"按钮即可（图 3.29）。

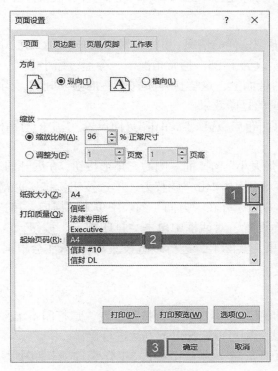

图 3.29　选择纸张大小

4. 打印特定区域

打印工作表时，有时并不需要打印所有的工作表区域。这时可在工作表中选择特定的打印区域，做上标记，以便在打印时能快速找到并打印。标记要打印的特定工作表区域的方法有以下 3 种，用户可选择其中一种进行操作。

（1）选择要打印的单元格区域（如这里选择 A1:H18 单元格区域），切换至"页面布局"选项卡，在"页面设置"组中单击"打印区域"下的三角形按钮，在展开的下拉列表中选择"设置打印区域"选项即可完成设置。

（2）通过页面布局设置。

步骤 1：切换至"页面布局"选项卡，单击"页面设置"组中的"打印标题"按钮打开"页面设置"对话框。

步骤 2：在"打印区域"右侧的文本框中输入要打印的特定单元格区域（这里输入 A1:H18 单元格区域），单击"确定"按钮即可完成打印区域的设置。

（3）切换至"文件"选项卡，在左侧导航栏中单击"打印"标签，在右侧的"打印"对话框中单击"设置"列表中的"打印选定区域"下的三角形按钮，在展开的下拉列表中选择"打印选定区域"选项。

5. 打印标题设置

在打印输入时，通常会遇到表格很长或很宽，需要打印两页或更多页。如果直接打印，在打印第 2 页或更多页时，行标题或列标题就不会被打印出来，这样打印出的文档是不完整的。如果指定了作为标题打印的行或列，就不会出现这样的问题。

6. 设置打印宽高

在工作中可能会遇到这样的情况，事先编辑好的 Excel 文档正好可以在 A4 纸上打印，因某种特殊原因将纸型改为了 B5。通常情况下，会通过缩小字号，调整列宽、行距等方式将文件缩小到 B5 的纸面上，这样操作实在有些麻烦。其实，当遇到这种情况时，可用下面的方法实现完美的打印效果。

步骤 1：切换至"页面布局"选项卡，单击"页面设置"组中的对话框启动器按钮打开"页面设置"对话框。

步骤 2：单击"纸张大小"选择框右侧的三角形按钮，在展开的下拉列表中选择"A4"纸张，然后在"缩放"列表中单击"调整为"单选按钮，将"页宽"和"页高"两个输入框中的数字都设为"1"，并在"方向"列表中单击"横向"单选按钮。

步骤 3：在"页面设置"对话框中单击"打印预览"按钮，就可以在"打印"预览对话框中看到打印效果。实际上，进行以上设置后，Excel 会根据需要缩放打印的图像和文本。

7. 设置打印框线

网格线是一种虚拟线，若不对其进行特殊设置，是打印不出来的。如果用户在打印时希望打印输出网格线，则可以选择以下方法进行操作。

（1）切换至"页面布局"选项卡，在"工作表选项"组中的"网格线"列表框内分别勾选"查看"复选框和"打印"复选框。

（2）切换至"页面布局"选项卡，单击"页面设置"组中的"打印标题"按钮打开"页面设置"对话框，在"打印"下方的列表下勾选"网格线"复选框，然后单击"确定"按钮即可完成打印网格线的设置。

8. 设置打印标题

通常，工作表标题指的是工作表的行标题和列标题。默认情况下，行标题一直显示在工作表的最左侧，列标题则显示在工作表的最顶端。如果用户想隐藏或显示工作表的行标题和列标题，可以选择以下两种方法中的一种进行操作。

（1）切换至"页面布局"选项卡，在"工作表选项"组的"标题"列表框下取消勾选"查看"复选框，将其取消。

（2）切换至"视图"选项卡，在"显示"组中勾选"标题"复选框，则会显示工作表的行标题和列标题。取消勾选"标题"复选框则会隐藏工作表的行标题和列标题。

3.6　Excel 公式和函数

3.6.1　使用公式

公式是对工作表中的数据进行计算的表达式；函数是 Excel 用来执行某些计算、分析功能的表达式，即用户只需按要求为函数指定参数，就能获得预期结果，而不必知道其是如何实现的。

利用公式可对同一工作表的各单元格、同一工作簿中不同工作表的单元格，甚至其他工作簿的工作表中单元格的数值进行加、减、乘、除、乘方等运算。

公式必须以"="开头，后面跟表达式。表达式由运算符和参与运算的操作数组成。运算符可以是算术运算符、比较运算符、文本运算符和引用运算符；操作数可以是常量、单元格地址和函数等。

1. 公式中的运算符

运算符是用来对公式中的元素进行运算而规定的特殊符号。Excel 2019 包含 4 种运算符：算术运算符、比较运算符、文本运算符和引用运算符。

（1）算术运算符。

算术运算符有 6 个（表 3.1），其作用是完成基本的数学运算，并产生数字结果。

表 3.1　算术运算符

序号	算术运算符	含义	实例
1	+（加号）	加法	A1+A2
2	−（减号）	减法或负数	A1−A2
3	*（星号）	乘法	A1*2
4	/（正斜杠）	除法	A1/3
5	%（百分号）	百分比	50%
6	^（脱字号）	乘方	2^3

（2）比较运算符。

比较运算符有6个（表3.2）。作用是比较两个值的大小，结果为一个逻辑值，"TRUE（真）"或"FALSE（假）"。

表3.2　比较运算符

序号	比较运算符	含义	实例
1	>（大于号）	大于	A1>B1
2	<（小于号）	小于	A1<B1
3	=（等于号）	等于	A1=B1
4	>=（大于等于号）	大于等于	A1>=B1
5	<=（小于等于号）	小于等于	A1<=B1
6	<>（不等于号）	不等于	A1<>B1

（3）文本运算符。

文本运算符只有1个（表3.3），使用文本连接符（&）可加入或连接一个或更多字符串以产生一个长文本。例如："2008年"&"北京奥运会"就产生"2008年北京奥运会"。

表3.3　文本运算符

序号	文本运算符	含义	实例
1	&（与号）	将两个文本值连接或串起来，产生一个连续的文本值	"North" & "Wind"

（4）引用运算符。

引用运算符有3个（表3.4），可以将单元格区域进行合并计算。

表3.4　引用运算符

序号	引用运算符	含义	实例
1	:（冒号）	区域运算符，用于引用单元格区域	B5:D15
2	,（逗号）	联合运算符，用于引用多个单元格区域	B5:D15, F5:I15
3	（空格）	交叉运算符，用于引用两个单元格区域的交叉部分	B7:D7　C6:C8

2.运算符的运算顺序

通常，Excel根据公式中运算符的特定顺序从左到右进行计算。如果公式同时用到了多个运算符，Excel将按一定的顺序（优先级由高到低）进行运算（表3.5）。另外，对于相同优先级的运算符，将从左到右进行计算。

若要更改求值的顺序，可将公式中需先计算的部分用括号括起来。

表 3.5　运算顺序

序号	运算符	含义	优先级
1	:（冒号）		
2	,（逗号）	引用运算符	1
3	（空格）		
4	－（负号）	负数（如 –1）	2
5	%（百分号）	百分比	3
6	^（脱字号）	乘方	4
7	* 和 /（星号和正斜杠）	乘和除	5
8	+ 和 –（加号和减号）	加和减	6
9	&（与号）	连接两个文本字符串	7
10	=（等号）		
11	< 和 >（小于和大于）		
12	<=（小于等于）	比较运算符	8
13	>=（大于等于）		
14	<>（不等于）		

3. 创建和编辑公式

（1）创建公式。

要创建公式，可以直接在单元格中输入，也可以在编辑栏中输入（图 3.30）。

图 3.30　创建公式

对于简单的公式，我们可以直接在单元格中输入：首先单击需输入公式的单元格，接着输入"="，然后输入公式内容，最后单击编辑栏上的"输入"按钮，或按"Enter"键结束。

（2）编辑公式。

要修改公式，可单击含有公式的单元格，然后在编辑栏中进行修改，修改完后按"Enter"键即可。要删除公式，可单击含有公式的单元格，然后按"Delete"键。

4. 移动和复制公式

（1）移动公式。

要移动公式，最简单的方法就是：选中包含公式的单元格，将鼠标指针移到单元格的边框线上，当鼠标指针变成十字箭头形状时，按住鼠标左键不放，将其拖到目标单元格后释放鼠标即可。

（2）复制公式。

①使用"填充柄"。

在 Excel 中，当我们想将某个单元格中的公式复制到同列（行）中相邻的单元格时，可以通过拖动"填充柄"来快速完成。具体方法是：按住鼠标左键向下（或上、左或右，根据实际情况而定）拖动要复制的公式的单元格右下角的填充柄，到目标位置后释放鼠标即可。

②利用"选择性粘贴"。

"复制"含有公式的单元格（此单元格包含格式），然后选择目标单元格，单击"粘贴"按钮下方的三角按钮，在展开的列表中选择"选择性粘贴"项，在打开的对话框中选中"公式"单选钮，然后单击"确定"即可。

5. 公式中的引用设置

引用的作用是标识工作表中的单元格或单元格区域，并指明公式中所使用的数据的位置。通过单元格引用，可以在各公式中使用工作表不同部分的数据，或者在多个公式中使用同一个单元格的数据，还可以引用同一个工作簿中不同工作表的单元格，甚至其他工作簿中的数据。当公式中引用的单元格数据发生变化时，公式可以自动更新单元格的内容。

（1）引用单元格或单元格区域。

若要引用单元格区域，则顺序输入区域左上角单元格的地址、冒号和区域右下角单元格的地址。例如：A2:E2 表示单元格 A2 到单元格 E2 的区域。

引用单元格见表 3.6。

表 3.6　引用单元格

序号	单元格或单元格区域	说明
1	A5	引用列 A 行 5 中的单元格
2	A5:A8	引用列 A 行 5 到行 8 中的单元格区域
3	B7:E7	引用 B 列到 E 列、行 7 中的单元格区域
4	5:5	引用行 5 中的所有单元格
5	C:C	引用列 C 中的所有单元格
6	B1:B3,D4	引用 B1、B2、B3、D4 四个单元格

（2）相对引用、绝对引用和混合引用。

①相对引用。

相对引用指的是单元格的相对地址，其引用形式为直接用列标和行号表示单元格，例如 A1。如果公式所在单元格的位置改变，引用也会随之改变。默认情况下，公式使用相对引用。

在复制包含相对引用的公式时，Excel 将自动调整复制公式的引用，以便引用相对于当前公式位置的其他单元格。

②绝对引用。

绝对引用指的是单元格的精确地址，与包含公式的单元格位置无关，其引用形式为在列标和行号的前面都加上"＄"号。

例 3.1　已知 2019 年第一次、第二次、第三次的进货情况，计算 2019 年进货汇总情况（图 3.31）。

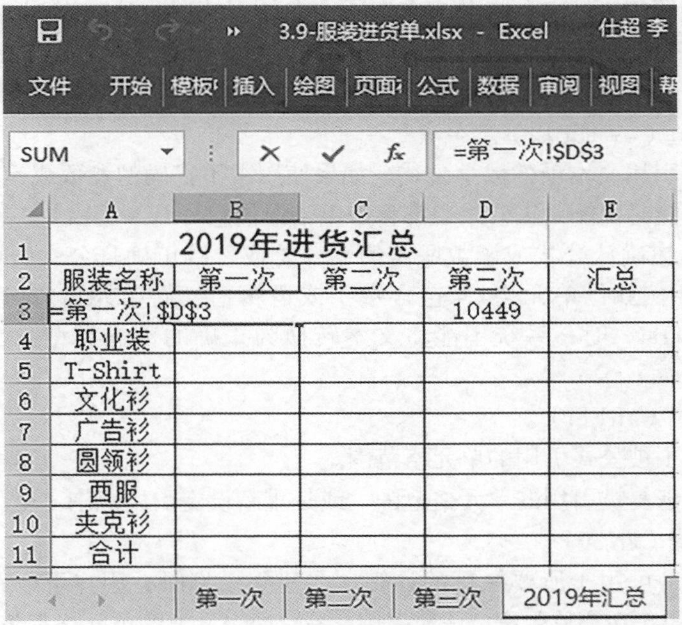

图 3.31　绝对引用

③混合引用。

引用中既包含绝对引用又包含相对引用的称为混合引用，如"A＄1"或"＄A1"等，用于表示列变行不变或列不变行变的引用。

如果公式所在单元格的位置改变，则相对引用改变而绝对引用不变。

（3）不同工作表中的单元格或单元格区域引用。

在同一个工作簿中，不同工作表中的单元格可以相互引用，表示方法为"工作表名称！单元格地址"。

（4）不同工作簿间单元格的引用。

除了可以在同一个工作表、同一个工作簿的不同工作表间引用单元格，还可以在当前工作表中引用其他工作簿中的单元格，它的表示方法为：

【工作簿名称 .xlsx】工作表名称！单元格地址

3.6.2　公式中返回的错误值和审核

1. 公式中返回的错误值

（1）错误值（####）。

含义：输入单元格中的数据太长或单元格中的公式所产生的结果太大，使结果在单元格中显示不下；或是对日期和时间格式的单元格做减法，出现了负值。

解决办法：增加列的宽度，使结果能够完全显示。如果是由日期或时间格式的单元格相减产生负值引起的，可以改变单元格的格式，如改为文本格式。

（2）错误值（#DIV/0!）。

含义：试图除以 0。这个错误的产生通常有如下情况：除数为 0、在公式中除数使用了空单元格和包含零值单元格的单元格引用。

解决办法：修改单元格引用，或在用作除数的单元格中输入不为零的值。

（3）错误值（#VALUE!）。

含义：输入引用文本项的数学公式。如果使用了不正确的参数或运算符，或当执行自动更正公式功能时不能更正公式，都将产生错误信息（#VALUE!）。

解决办法：应确认公式或函数所需的运算符或参数正确且公式引用的单元格中包含有效的数值。例如：单元格 C4 包含数字或逻辑值，而单元格 D4 包含文本，则在计算公式 "=C4+D4" 时，系统不能将文本转换为正确的数据类型，因而返回错误值（#VALUE!）。

（4）错误值（#REF!）。

含义：删除了被公式引用的单元格范围。

解决办法：恢复被引用的单元格范围，或是重新设定引用范围。

（5）错误值（#N/A）。

含义：无信息可用于所要执行的计算。在建立模型时，用户可以在单元格中输入 "#N/A"，以表明正在等待数据。任何引用含有 "#N/A" 值的单元格都将返回 "#N/A"。

解决办法：在等待数据的单元格内填上数据。

（6）错误值（#NUM!）。

含义：提供了无效的参数给工作表函数，或是公式的结果太大或太小而无法在工作表中表示。

解决办法：确认函数中使用的参数类型正确。如果公式结果太大或太小，就要修改公式。

（7）错误值（#NAME?）。

含义：在公式中使用了 Excel 不能识别的文本。例如：可能是输错了名称，或是输入了一个已删除的名称。另外，如果没有将文字串括在双引号中，也会产生此错误值。

解决办法：如果是使用了不存在的名称而产生这类错误，应确保使用的名称确实存在；如果函数名拼写错误，立即改正，将文字串括在双引号中，确认公式中的所有区域引用都使用了冒号，如"SUM(C1:C10)"。

（8）错误值（#NULL!）。

含义：在公式中的两个范围之间插入一个空格以表示交叉点，但这两个范围没有公共单元格。例如：输入"=SUM(A1:A10 C1:C10)"，就会产生这种情况。

解决办法：改正区域运算符；更改引用区域使之相交。如在两个区域之间用逗号隔开"=SUM(A1:A10，C1:C10)"。

2. 公式审核

Excel 2019 提供了公式审核功能，可以将任意单元格中的数据来源和计算结果显示出来，使用户清楚计算的方式。

（1）查找公式中引用的单元格。

要查找公式中引用的单元格，只需单击含有公式的单元格，即可在编辑栏中显示引用的单元格（图 3.32）。

图 3.32　查找公式中引用的单元格

（2）追踪为公式提供数据的单元格。

要显示公式中引用的单元格，可单击含有公式的单元格，然后单击"公式"选项卡上"公式审核"组中的"追踪引用单元格"按钮，此时，公式所引用的单元格就会出现追踪箭头指向公式所在的单元格。在代表数据流向的箭头上，每一个引用的单元格都会出现一个蓝色的圆点（图 3.33）。

图 3.33 追踪为公式提供数据的单元格

（3）追踪导致公式错误的单元格。

Excel 会自动对输入的公式进行检查，当发生错误时，单元格的左上角会出现一个绿色的小三角形，单击该单元格，会在该单元格左侧出现按钮。单击按钮，会弹出快捷菜单，以提供解决此错误的途径。

要追踪导致公式错误的单元格，可单击"公式审核"组中的"错误检查"按钮右侧的三角按钮，在展开的列表中单击"追踪错误"项，即可标识出产生错误的单元格。

（4）追踪产生循环引用的单元格。

当某个公式直接或间接引用了该公式所在的单元格时，就称作循环引用。当打开的工作簿中含有循环引用时，Excel 会显示警告提示框。

当按"Enter"键时，会弹出对话框。如果确定要进行循环引用，则单击"确定"按钮，此时"追踪从属单元格"列表中的"循环引用"项变为可用，并显示出循环引用的单元格。

3.6.3 使用函数

函数是预先定义好的表达式，它必须包含在公式中。每个函数都由函数名和变量组成，其中函数名表示将执行的操作，变量表示函数将作用的值的单元格地址，通常是一个单元格区域，也可以是更为复杂的内容。在公式中合理地使用函数，可以完成求和、逻辑判断、财务分析等众多数据处理功能。

1. 函数的分类

（1）财务函数：可以进行一般的财务计算。例如：确定贷款的支付额、投资的未来值或净现值，以及债券或息票的价值。

（2）时间和日期函数：可以在公式中分析和处理日期值和时间值。

（3）数学和三角函数：可以处理简单和复杂的数学运算。

（4）统计函数：用于对数据进行统计分析。

（5）查找和引用函数：在工作表中查找特定的数值或引用的单元格。

（6）数据库函数：分析工作表中的数值是否符合特定条件。

（7）文本函数：可以在公式中处理文字串。

（8）逻辑函数：可以进行真假值判断，或者进行复合检验。

（9）信息函数：用于确定存储在单元格中的数据的类型。

（10）工程函数：用于工程分析。

（11）多维数据集函数：主要用于返回多维数据集的重要性能指标、属性、层次结构中的成员或组等。

2. 函数的基本语法

（1）函数的基本语法为：

= 函数名（参数 1, 参数 2,…, 参数 n）

（2）注意问题：

①函数名与其后的括号之间不能有空格。

②当有多个参数时，参数之间要用逗号分隔。

③参数总长度不能超过 1024 个字符。

④参数可以是数值、文本、逻辑值、单元格引用，也可以是各种表达式或函数。

⑤函数中的逗号、引号等都是半角字符，而不是全角字符。

3. 函数的调用

（1）直接在单元格中输入函数（图 3.34）。

图 3.34　函数调用

（2）利用"插入函数"按钮或命令插入函数（图 3.35）。

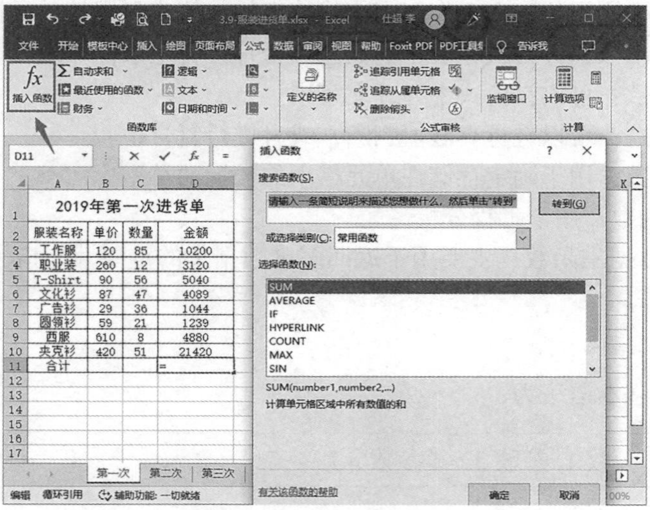

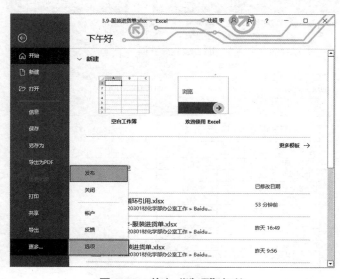

图 3.35　插入函数

4. 嵌套函数的使用

当一个函数中的参数为另一个函数时，就是使用嵌套函数。

5. 设置函数工具提示

利用函数工具提示，可以快速地掌握函数的使用方法。函数工具提示主要包括以下 3 种操作。

（1）设置函数工具提示选项。

步骤 1：切换至"文件"选项卡，在左侧导航栏中单击"选项"标签（图 3.36），打开"Excel 选项"对话框。

图 3.36　单击"选项"标签

步骤 2：单击"公式"标签，在对应的右侧窗格中对"更改与公式计算、性能和错误处理相关的选项"进行设置（图 3.37）。这里在"计算选项"列表框下选择"自动重算"单选按钮，在"使用公式"列表框下取消勾选"R1C1 引用样式"复选框，在"错误检查"列表框下勾选"允许后台错误检查"复选框，并设置使用"绿色"标识错误，然后在"错误检查规则"列表框下取消勾选"引用空单元格的公式"复选框。完成设置后，单击"确定"按钮即可返回工作表。

图 3.37 设置公式属性

（2）在单元格中显示函数完整语法。

在单元格中输入一个函数公式时，按"Ctrl+Shift+A"组合键可以得到包含该函数完整语法的公式。如输入"=IF"，然后按"Ctrl+Shift+A"组合键，则可以在单元格中得到如图 3.38 所示的结果。

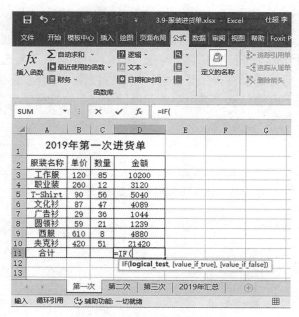

图 3.38　利用组合键查询语法

（3）阅读使用函数帮助文件。

6. 处理函数参数

在函数的实际使用过程中，并不是总需要把一个函数的所有参数都写完整才可以进行计算的，可以根据需要对参数进行省略和简化，以达到缩短公式长度或减少计算步骤的目的。本节将具体讲解如何省略、简写及简化函数参数。

函数的帮助文件会将各个参数表达的意义和要求罗列出来，有很多参数的描述中包括"忽略""省略""默认"等词，而且会注明，如果省略该参数，则表示默认该参数代表某个值。参数的省略是指该参数连同该参数存在所需的逗号间隔都不出现在函数中。

例3.2　判断 b2 是否与 a2 的值相等，如果是则返回"TRUE"，否则返回"FALSE"。

=IF（b2=a2,TRUE,FALSE）

可以省略为：

=IF（b2=a2,TRUE）

部 分 函 数 中 的 参 数 为 "TRUE" 或 "FALSE"，如 VLOOKUP 函 数 的 参 数 "range_lookup"。当为其指定为 "FALSE" 时，可以用 0 来替代，甚至连 0 也不写，而只是用逗号占据参数的位置。下面 3 个公式是等价的：

= VLOOKUP(A1,B1:C10,2,FALSE)

= VLOOKUP(A1,B1:C10,2,0)

= VLOOKUP(A1,B1:C10,2,)

　　此外，有些针对数值的逻辑判断，可利用"0=FALSE"和"非 0 数值 =TRUE"的规则来进行简化。比如，在已知 A1 单元格的数据只可能是数值的前提下，可以将公式"=IF(A1<>0，B1/A1,"")"简化为"=IF(A1,B1/A1,"")"。

　　7. 保护和隐藏函数公式

　　如果不希望工作表中的公式被其他用户看到或修改，可以对其进行保护或隐藏。下面是保护和隐藏工作表中的函数公式的具体操作步骤。

　　步骤 1：打开"3.9– 服装进货单.xlsx"工作簿，在工作表页面按"F5"键打开如图 3.39 所示的"定位"对话框。在对话框中单击"定位"条件按钮，打开"定位条件"对话框。

　　步骤 2：在"选择"列表框中单击"公式"单选按钮，然后单击"确定"按钮返回工作表（图 3.40）。此时，工作表会自动选择所有包含公式的单元格。

图 3.39　"定位"对话框

图 3.40　设置定位条件

　　步骤 3：在选择的单元格处单击鼠标右键，在弹出的隐藏菜单中选择"设置单元格格式"选项（图 3.41）。

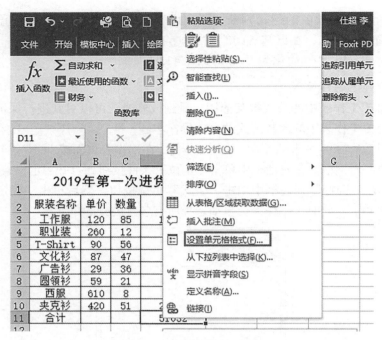

图 3.41 设置单元格格式

步骤 4：在"设置单元格格式"对话框中选择"保护"选项卡，依次勾选"锁定"和"隐藏"复选框，然后单击"确定"按钮返回工作表（图 3.42）。

图 3.42 设置"保护"选项

步骤 5：点击"审阅"，在"保护"组中单击"保护工作表"按钮（图 3.43），会打开如图 3.44 所示的"保护工作表"对话框。在"取消工作表保护时使用的密码"文本框中输入"123456"，然后单击"确定"按钮。

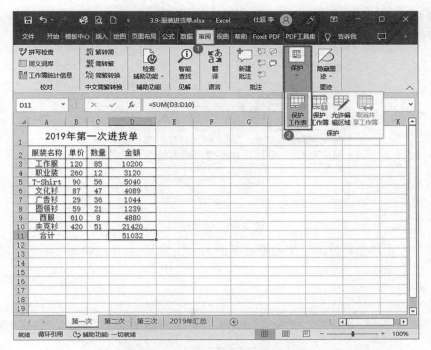

图 3.43　单击"保护工作表"按钮

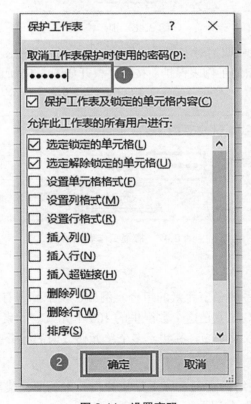

图 3.44　设置密码

步骤 6：此时，会弹出"确认密码"对话框，在"重新输入密码"文本框中再次输入密码"123456"，然后单击"确定"按钮即可完成保护设置（图 3.45）。

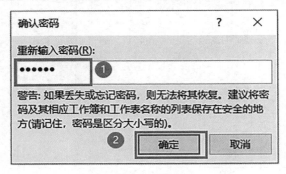

图 3.45 确认密码

步骤 7：若用户想要修改工作表中被保护的公式数据，会弹出如图 3.46 所示的对话框。

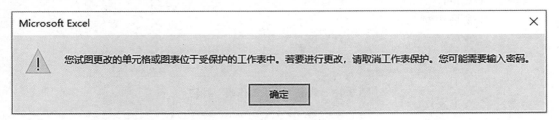

图 3.46 提示框

步骤 8：如果用户想要取消对工作表的保护，在主页将功能区切换至"审阅"选项卡，单击"保护"组中的"撤销工作表保护"按钮，打开如图 3.47 所示的"撤销工作表保护"对话框。然后在"密码"文本框中输入"123456"，单击"确定"按钮即可。

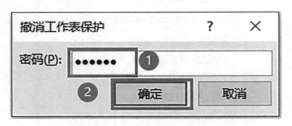

图 3.47 撤销工作表保护

3.6.4 数组常用操作

数组是具有某种联系的多个元素的组合。例如，一个公司有 100 名员工，如果公司是一个数组，则 100 名员工就是这个数组里的 100 个元素。元素可多可少，可增可减，因此数组里的元素是可以改变的。其实，多个单元格数值的组合就是数组。

1. 认识数组

（1）数组类型：数组的类型实际上是指数组元素的取值类型。对于同一个数组，其所有元素的数据类型都是相同的。

（2）数组名的书写规则应符合标识符的书写规定。

（3）数组名不能与其他变量名相同。

（4）方括号中的常量表达式表示数组元素的个数。如 a[5] 表示数组 a 有 5 个元素，但是，其从 0 开始计数，因此，5 个元素分别为 a[0],a[1],a[2],a[3],a[4]。

（5）不能在方括号中用变量表示元素的个数，但可以用符号常数或常量表达式表示。

（6）允许在同一个类型说明中说明多个数组和多个变量。

在工作表中，经常可以看到许多头尾带有"{}"的公式，有的用户把这些公式直接复制粘贴到单元格中，却没有出现正确的结果，这是因为这些都是数组公式，数组公式的输入方法是将公式输入后，不直接按"Enter"键，而是按"Ctrl+Shift+Enter"组合键，这时电脑自动为公式添加"{}"。

如果用户不小心按了"Enter"键，用鼠标点一下编辑栏中的公式，再按"Ctrl+Shift+Enter"组合键即可。

数组公式是相对于普通公式而言的，普通公式只占用一个单元格且返回一个结果，而数组公式则可以占用一个单元格也可以占用多个单元格，它对一组数或多组数进行计算，并返回一个或多个结果。

数组公式用一对大括号以区别普通公式，且以按"Ctrl+Shift+Enter"组合键结束。

数组公式主要用于建立可产生多个结果或对可以存放在行和列中的一组参数进行运算的单个公式。数组公式最大的特点是可以执行多重计算，它返回的是一组数据结果。其引用的参数是数组参数，包括区域数组和常量数组。区域数组是一个矩形的单元格区域，如"$A$1:$D$5"；常量数组是一组给定的常量，如 {1,2,3}、{1;2;3} 或 {1,2,3;1,2,3}。

数组公式中的参数必须为"矩形"，如 {1,2,3;1,2} 就不行。输入后，同时按"Ctrl+Shift+Enter"组合键，数组公式的外面会自动加上大括号予以区分。有时，类似一般应用的公式也应该属于数组公式，只是它所引用的是数组常量。对于参数为常量数组的公式，则参数外有大括号，公式外则没有，输入时也不必按"Ctrl+Shift+Enter"组合键。

2. 返回数组集合

在使用数组公式时，有可能返回的是一个结果，也有可能返回的是一个集合。

步骤 1：打开"2021 年服装进货单 .xlsx"工作簿，选中 A1:D3 单元格区域，输入公式"={" 服装名称 "," 单价 "," 数量 "," 金额 ";" 工作服 ","120","85","10200";" 职业装 ","260","12","3120";"T-Shirt","90","56","5040"}"，如果按"Ctrl+Enter"组合键，会显示返回表格结果。

步骤 2：如果按"Ctrl+Shift+Enter"组合键，则会返回一组集合，结果返回数组集合。

3. 使用相关公式完整性

在选中的单元格区域 A1:D4 中，选择任意单元格，如这里选择 B3 单元格，然后对 B3 中的公式进行任意修改（即使和原公式一致），按"Enter"键返回工作表，会弹出如图 3.48 所示的警告对话框。

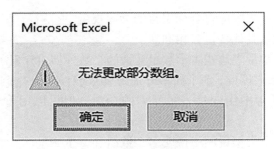

图 3.48　警告对话框

　　这是因为用户正在企图破坏公式的完整性，A1:D4 单元格区域中的数据源都是 "={" 编 号 "," 姓 名 "," 性 别 "," 年 龄 ";"001"," 张 三 "," 男 ","22";"002"," 张 五 "," 男 ","24";"004"," 丁一 "," 女 ","23"}"，它们运用的是同一个公式。如果用户想单独更改某一个单元格的公式，系统会认为用户正在更改部分单元格的数据源，这样会导致数据源不一致，从而导致其与其他相关单元格脱离关系，数据公式就失去了意义。因此，系统不允许更改数组公式中的部分内容，这样就可以保持数据的完整性，与数据源完全相对应。

3.6.5　常用函数

1. 求和函数

（1）SUM 函数：无条件求和。

　　= SUM（参数 1，参数 2,…，参数 n）

（2）SUMIF 函数：条件求和。

　　=SUMIF (range,criteria,sum_range)

（3）SUMPRODUCT 函数：在给定的几组数组中，将数组间对应的元素相乘，并返回乘积之和。

　　= SUMPRODUCT (array1,array2,array3,…)

例 3.3　求 1 到 6 月份总销售额。
SUMPRODUCT 函数实例如图 3.49 所示。

B5		▼	f_x	=SUMPRODUCT(B2:G2,B3:G3)		
	A	B	C	D	E	F	G
1	月份	1	2	3	4	5	6
2	销售量	54	45	66	87	43	65
3	单价	100	103	100	110	102	100
4							
5	总销售额	37091					

图 3.49　SUMPRODUCT 函数实例

2. 数学函数

（1）AVERGAE 函数：求 N 个数的平均值。

= AVERGAE (参数 1, 参数 2,…, 参数 n)

例 3.4　求 6 个月的月均销售额。

AVERAGE 函数实例如图 3.50 所示。

	B4	▼	fx	=AVERAGE(B2:G2)		
	A	B	C	D	E	F	G
1	月份	1	2	3	4	5	6
2	销售量	54	45	66	87	43	65
3							
4	月均销售量	60					

图 3.50　AVERAGE 函数实例

（2）MAX 函数：求 n 个数的最大值。MIN 函数：求 n 个数的最小值。

= MAX (参数 1, 参数 2,…, 参数 n)
= MIN (参数 1, 参数 2,…, 参数 n)

例 3.5　求 1 到 6 月最大销售量和最小销售量。

MAX、MIN 函数实例如图 3.51 所示。

	B4	▼	fx	=MAX(B2:G2)		
	A	B	C	D	E	F	G
1	月份	1	2	3	4	5	6
2	销售量	54	45	66	87	43	65
3							
4	最大销售量	87	最小销售量	43			
5							

图 3.51　MAX、MIN 函数实例

（3）ABS 函数：求某数的绝对值。

= ABS (参数)

例 3.6　ABS(–100)=100。

（4）SQRT 函数：求某数的平方根。

= SQRT (参数)

例 3.7　SQRT(2)=1.4142135623731。

3. 计数函数

（1）COUNT 函数：计算给定区域内数值型参数的数目。

= COUNT (参数 1, 参数 2,…, 参数 n)

（2）COUNTA 函数：返回参数列表中非空值的单元格个数。

> = COUNTA (参数 1, 参数 2,…, 参数 n)

（3）COUNTIF 函数：计算给定区域内满足特定条件的单元格的数目。

> = COUNTIF (range,criteria)

例 3.8 统计有数值的单元格个数。

计数函数实例如图 3.52 所示。

	A	B	C	D	E	F	G
1	5435	GGFD	YH5		978		213
2							
3	有数值的单元格个数		3				
4	有数据的单元格个数		5				

（C3 ▼ fx =COUNT(A1:G1)）

图 3.52 计数函数实例

4. 条件函数和逻辑函数

（1）IF 函数：IF 函数也称条件函数，它根据参数条件的真假，返回不同的结果。

> = IF(条件表达式，条件值为真时返回的值，条件值为假时返回的值)

（2）AND 函数：AND 函数表示逻辑与，当所有条件都满足时（即所有参数的逻辑值都为真时），AND 函数返回 "TRUE"，否则只要有一个条件不满足即返回 "FALSE"。

> = AND(条件 1, 条件 2,…, 条件 n)

（3）OR 函数：只要有一个条件满足时，OR 函数返回 "TRUE"，只有当所有条件都不满足时才返回 "FALSE"。

> = OR(条件 1, 条件 2,…, 条件 n)

说明：这 3 个函数常常联合使用。

例 3.9 IF 函数应用举例——计算奖金。

IF 函数实例如图 3.53 所示。

销售人员	销售额	奖金		奖金提成比例	
AAAA	654	26.16		500以下	2%
BBBB	325	6.5		500以上	4%
CCCC	876	35.04			
DDDD	454	9.08			
EEEE	755	30.2			

（a）

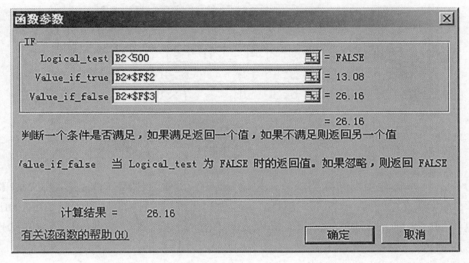

（b）

（c）

图 3.53　IF 函数实例

5. 日期函数

（1）DAY 函数：返回以序列号表示的某日期的天数，用整数 1~31 表示。

= DAY(日期序列号)

例 3.10　DAY("2006-12-22")=22。

（2）DATE 函数：返回代表特定日期的序列号。

= DATE(年 , 月 , 日)

例 3.11　DATE(2006,12,23)= "2006-12-23"。

（3）DAYS360 函数：按照一年 360 天计（每个月 30 天，一年共计 12 个月），返回两个日期间相差的天数。

= DAYS360(开始日期 , 截止日期 , 逻辑值)

例 3.12 DAYS360("2000-1-15","2005-12-16")=2131 天。

（4）TODAY 函数：返回系统当前的日期。

6. 时间函数

如何计算跨午夜零时的时间间隔？

例 3.13 如果下班时间小于上班时间，就表示已经过了 1 天，因此要加 1。

如果下班时间大于上班时间，就表示还在当前，因此不需要加 1 天。输入“=B2+(B2<A2)–A2”或者“=B2+IF(B2<A2,1,0)–A2”。

时间函数实例如图 3.54 所示。

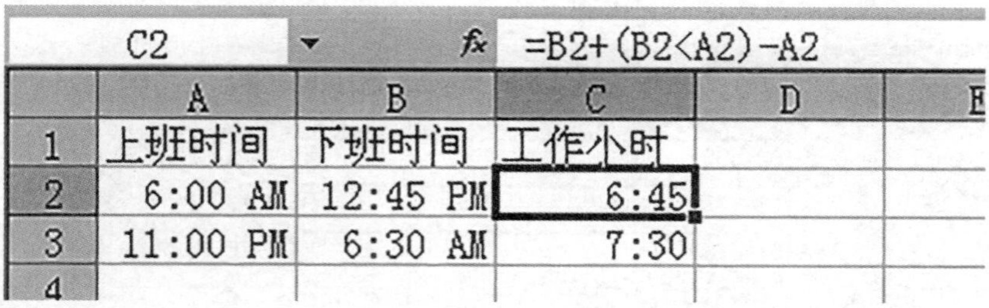

C2 =B2+(B2<A2)-A2

	A	B	C	D
1	上班时间	下班时间	工作小时	
2	6:00 AM	12:45 PM	6:45	
3	11:00 PM	6:30 AM	7:30	
4				

图 3.54　时间函数实例

7. 分析工具库里的日期函数

分析工具库里有专用的日期函数，包括 EDATE 函数、EOMONTH 函数、WEEKNUM 函数、WORKDAY 函数、NETWORKDAYS 函数以及一个特殊的日期函数 DATEDIF。在使用这些函数之前，必须加载分析工具库，即单击“工具”→“加载宏”命令，打开“加载宏”对话框，选择“分析工具库”。

（1）EDATE 函数：返回指定日期往前或往后几个月的日期。

例 3.14 2007 年 4 月 12 日之后 3 个月的日期。

```
=EDATE("2007-4-12",3)
```

例 3.15 2007 年 4 月 12 日之前 5 个月的月末日期。

```
=EDATE("2007-4-12",-5)
```

（2）EOMONTH 函数：返回指定日期往前或往后几个月的特定月份的月末日期。

例 3.16 2007 年 4 月 12 日之后 3 个月的月末日期。

```
= EOMONTH("2007-4-12",3)
```

例 3.17 计算应付账款的到期日。如果一笔应付款的到期日为自交易日起满 3 个月后的下一个月的 5 号，比如交易日为 2006 年 11 月 20 日，满 3 个月后下一个月的 5 号就是 2007-3-5。

```
=EOMONTH("2006-11-20",3-(DAY(A1)<=5))+5
```

（3）WEEKNUM 函数：返回指定日期是该年的第几周。

例 3.18　2007 年 4 月 12 日是 2007 年的第 15 周。

```
=WEEKNUM("2007-4-12")
```

（4）WORKDAY 函数：返回某指定日期之前或之后的给定工作日天数的日期（除去双休日和国家法定假日）。

（5）NETWORKDAYS 函数：返回两个工作日之间的工作天数（除去双休日和国家法定假日）。

例 3.19　2007 年 4 月 12 日至 2007 年 6 月 20 日之间的工作天数（除去双休日和国家法定假日）为 47 天。

时间函数实例如图 3.55 所示。

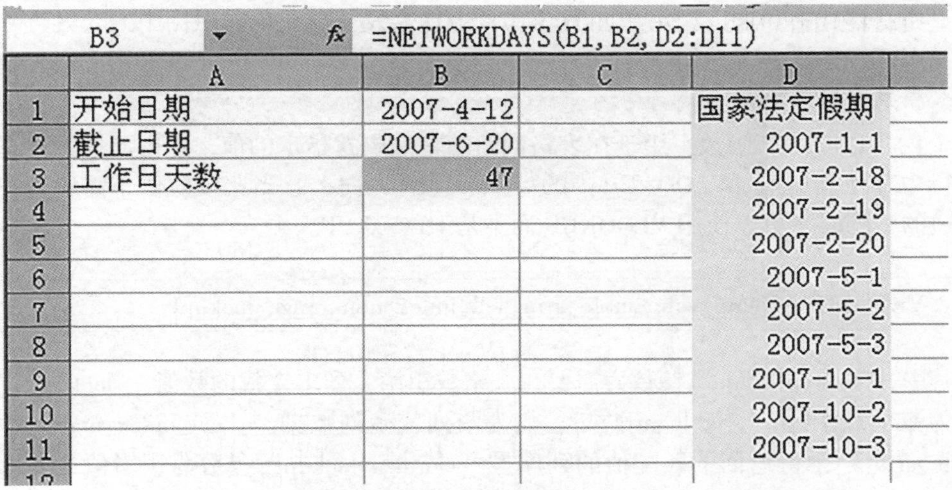
B3　=NETWORKDAYS(B1,B2,D2:D11)

	A	B	C	D
1	开始日期	2007-4-12		国家法定假期
2	截止日期	2007-6-20		2007-1-1
3	工作日天数	47		2007-2-18
4				2007-2-19
5				2007-2-20
6				2007-5-1
7				2007-5-2
8				2007-5-3
9				2007-10-1
10				2007-10-2
11				2007-10-3

图 3.55　时间函数实例

（6）DATEDIF 函数：计算两个日期之间的天数、月数或年数。这个函数是一个特殊函数，在函数清单中找不到，在帮助信息中也找不到。

```
= DATEDIF( 开始日期，结束日期，单位 )
```

每个单位对应的意义见表 3.7。

表 3.7　单位对应的意义

单位	意义
Y	时间段中的总年数
M	时间段中的总月数
D	时间段中的总天数
MD	两日期中天数的差，忽略日期数据中的年和月
YM	两日期中月数的差，忽略日期数据中的年和日
YD	两日期中天数的差，忽略日期数据中的年

例 3.20　某职员进公司日期为 1985 年 3 月 20 日，离职时间为 2007 年 8 月 9 日，那么他在公司工作了多少年、多少月和多少天？

工作年数：

```
=DATEDIF("1985-3-20","2007-8-9", "Y")=22 年
```

工作月数：

```
=DATEDIF("1985-3-20","2007-8-9", "YM")=4 个月
```

工作天数：

```
=DATEDIF("1985-3-20","2007-8-9", "MD")=20 天
```

8. 查找和引用函数

（1）VLOOKUP 函数：用于在表格数组的首列查找指定的值，并由此返回表格数组当前行中其他列的值（VLOOKUP 中的 V 表示垂直方向）。当比较值位于需要查找的数据左边的一列时，可以使用 VLOOKUP 而不是 HLOOKUP。

```
VLOOKUP (lookup_value,table_array,col_index_num,range_lookup)
```

其中，"lookup_value" 参数为需要在表格数组第 1 列中查找的数值。"lookup_value" 可以为数值或引用。"table_array" 参数为两列或多列数据。"col_index_num" 参数为 "table_array" 中待返回的匹配值的列序号。"range_lookup" 参数为逻辑值，其可指定希望 VLOOKUP 函数查找精确的匹配值还是近似的匹配值。

（2）HLOOKUP 函数：用于在表格或数值数组的首行查找指定的数值，并在表格或数组中指定行的同一列中返回一个数值。当比较值位于数据表的首行，且要查找下面给定行的数据时，可以使用函数 HLOOKUP（HLOOKUP 中的 H 代表"行"）。

```
= HLOOKUP(lookup_value,table_array,row_index_num,range_lookup)
```

其中，"lookup_value" 参数为需要在数据表第 1 行中查找的数值。"lookup_value" 可以为数值、引用或文本字符串。"table_array" 参数为需要在其中查找数据的数据表。"row_index_num" 参数为 "table_array" 中待返回的匹配值的行序号。"range_lookup" 参数为一逻辑值，其可指明函数 HLOOKUP 查找时是精确匹配还是近似匹配。

例 3.21　查找 "CocaCola"，并返回同列中第 2 行的值。

选中 A6 单元格，在编辑栏中输入公式 "=HLOOKUP("CocaCola",A1:C4,2,TRUE)"，用于在首行查找 "CocaCola"（图 3.56），并返回同列中第 2 行的值，输入完成后按 "Enter" 键返回计算结果（图 3.57）。

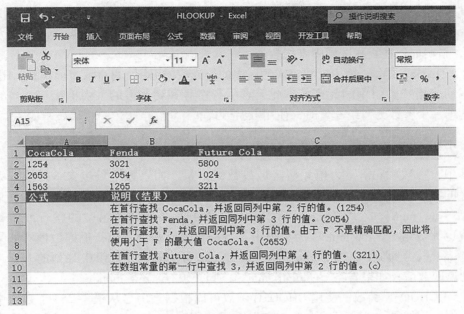

图 3.56　原始数据

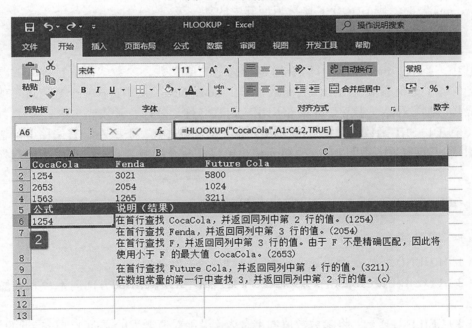

图 3.57　返回结果

（3）MATCH 函数：用于返回在指定方式下与指定数值匹配的数组中的元素的相应位置。如果需要找出匹配元素的位置而不是匹配元素本身，则应该使用 MATCH 函数而不是 LOOKUP 函数。

MATCH(lookup_value,lookup_array,match_type)

其中，参数"lookup_value"为需要在数据表中查找的数值。"lookup_array"为可能包含所要查找的数值的连续单元格区域，应为数组或数组引用。"match_type"为−1、0或1，指明如何在查找区域中查找数值。

（4）INDEX函数：用于返回表或区域中的值或值的引用，它有数组形式和引用形式。

返回表格或数组中的元素值，此元素由行序号和列序号的索引值给定。当INDEX函数的第一个参数为数组常量时，使用数组形式。

INDEX(array,row_num,column_num)

其中，参数"array"为单元格区域或数组常量。如果数组只包含一行或一列，则相对应的参数"row_num"或"column_num"为可选参数。如果数组有多行和多列，但只使用"row_num"或"column_num"，函数INDEX会返回数组中的整行或整列，且返回值也为数组。"row_num"为数组中某行的行号，函数从该行返回数值；如果省略"row_num"，则必须有"column_num"。"column_num"为数组中某列的列标，函数从该列返回数值；如果省略"column_num"，则必须有"row_num"。

（5）CHOOSE函数：使用CHOOSE函数可以根据索引号从最多254个数值中选择一个。例如，如果"value1"到"value7"表示一周的7天，当将1到7之间的数字用作"index_num"时，则CHOOSE函数返回其中的某一天。

CHOOSE(index_num,value1,value2,…)

其中，参数"index_num"用于指定所选定的值参数。参数"value1""value2"等为1到254个数值参数，CHOOSE函数基于"index_num"从中选择一个数值或一项要执行的操作。参数可以为数字、单元格引用、定义名称、公式、函数或文本。

（6）OFFSET函数：以指定的应用为参考系，通过上、下、左、右偏移得到新的区域的引用。返回的引用可以是一个单元格也可以是一个区域，且可以引用指定行列数的区域。

OFFSET(reference,rows,cols,height,width)

9. 四舍五入函数

（1）ROUND函数：返回某个按指定位数舍入后的数值。

（2）FLOOR函数：根据指定基数，将数值沿绝对值减小的方向向下舍入到最接近的倍数。

（3）CEILING函数：将参数数值向上舍入（沿绝对值增大的方向）到最接近的倍数。

3.7 Visual Basic for Application（VBA）入门

3.7.1 VBA 与 Visual Basic 的区别

（1）Visual Basic 设计用于创建标准的应用程序，而VBA用于使已有的应用程序自动化。

（2）Visual Basic 具有自己的开发环境，而 VBA 必须"寄生于"已有的应用程序。

（3）要运行 Visual Basic 开发的应用程序，用户不用在其系统上访问 Visual Basic，因为 Visual Basic 开发出的应用程序是可执行的。而 VBA 应用程序是寄生性的，执行它们要求用户访问"父"应用程序，如 Excel。

尽管存在这些区别，Visual Basic 和 VBA 在结构上仍然非常相似。事实上，如果你已经了解 Visual Basic，会发现学习 VBA 非常快。相应地，学完 VBA 会给 Visual Basic 的学习打下坚实的基础。当学会在 Excel 中用 VBA 创建解决方案后，你就已经储备了在 Word、Project、Access、Outlook、FoxPro 和 PowerPoint 中用 VBA 创建解决方案的大部分知识。

3.7.2　VBA 是什么

VBA 究竟是什么？更确切地讲，它是一种自动化语言，可以利用它使常用的过程或进程自动化，可以创建自定义的解决方案。此外，如果你愿意，还可以将 Excel 用作开发平台实现应用程序。

3.7.3　Excel 中基于应用程序自动化的优点

使用 VBA 可以实现的功能包括如下 6 点：

（1）使重复的任务自动化。

（2）自定义 Excel 工具栏、菜单和界面。

（3）简化模板的使用。

（4）自定义 Excel，使其成为开发平台。

（5）创建报表。

（6）对数据进行复杂的操作和分析。

采用 Excel 作为开发平台有如下 4 点原因：

（1）Excel 本身功能强大，包括打印、文件处理、格式化和文本编辑。

（2）Excel 内置大量函数。

（3）Excel 界面熟悉。

（4）可连接到多种数据库。

用其他语言开发应用程序，需编写一些基本功能的模块，包括文件的打开和保存、打印、复制等。而采用 Excel 作为开发平台，由于 Excel 已经具备这些基本功能，因此可以简化工作。

3.7.4　录制简单的宏

在学习 VBA 之前，可以录制一个宏。

宏指 Excel 能够执行的一系列的 VBA 语句。

以下将要录制的宏比较简单，只是改变单元格颜色。请完成如下步骤：

（1）打开新工作簿，确认其他工作簿已经关闭。

（2）选择 A1 单元格。调出"常用"工具栏。

（3）选择"工具"→"宏"→"录制新宏"。

（4）输入"改变颜色"作为宏名替换默认宏名，单击确定。注意：此时状态栏中显示"录制"，"停止录制"工具栏也会显示。替换默认宏名主要是为了区分这些宏。

宏名最多可为255个字符，且必须以字母开始。可用的字符包括字母、数字和下划线。宏名中不允许出现空格，通常用下划线代表空格。

（5）选择"格式"的"单元格"，选择"图案"选项中的红色，单击"确定"。

（6）单击"停止录制"工具栏按钮，结束宏录制过程。

如果"停止录制"工具栏按钮并未出现，请选择"工具"→"宏"→"停止录制"。录制完一个宏后就可以开始执行。

3.7.5 执行宏

当执行一个宏时，就像 VBA 代码在对 Excel 进行"遥控"。这样的操作方式不仅能使操作变得简便，还能获得一些 Excel 无法实现的功能。要执行录制的宏，可以按以下步骤进行：

（1）选择任意一个单元格，如 A3。

（2）选择"工具"→"宏"→"宏"，显示"宏"对话框。

（3）选择"改变颜色"，选择"执行"，则 A3 单元格的颜色变为红色。试着选择其他单元格和几个单元格组成的区域，然后再执行宏，以便加深印象。

3.7.6 查看录制的代码

（1）选择"工具"→"宏"→"宏"，显示"宏"对话框。

（2）单击列表中的"改变颜色"，选择"编辑"按钮。

此时，会打开 VBA 的编辑器窗口（VBE）。代码如下（日期和姓名会有不同）：

```
Sub 改变颜色 ( )
'
' 改变颜色 Macro
' xw 记录的宏 2000-6-10
'
'
With Selection.Interior
.ColorIndex = 3
.Pattern = xlSolid
.PatternColorIndex = xlAutomatic
End With
End Sub
```

其中，"Sub 改变颜色 ( )"是宏的名称。中间的以"'"开头的五行称为"注释"，它在录制宏时自动产生。以"With"开头到"End With"结束的结构是 With 结构语句，这段语句是宏的主要部分。注意单词"Selection"，它代表"突出显示的区域（即选定区域）"。"With Selection.Interior"代表"选择区域的内部"，这整段语句设置该区域内部的"属性"。".ColorIndex = 3"将内部设为红色。

注意：小圆点的作用是简化语句，它可代替出现在"With"后的词，是"With"结构的一部分。另外，数字 3 代表红色。你也可以将 3 改为其他数字。

".Pattern = xlSolid"设置该区域的内部图案。由于是录制宏，因此虽并未设置这一项，宏仍然会将其记录下来（因为在"图案"选项中有此一项，只是未曾设置），"xlSolid"表示纯色。".PatternColorIndex = xlAutomatic"表示内部图案底纹颜色为自动配色。"End With"结束 With 语句。"End Sub"为整个宏的结束语句。

3.7.7　编辑录制的代码

现在，在宏中作一个修改，删除多余行，代码如下：

```
Sub 改变颜色 ( )
'
' 改变颜色 Macro
' xw 记录的宏 2000-6-10
'
'
With Selection.Interior
.ColorIndex = 3
End With
End Sub
```

完成后，在工作表中测试一下，会发现结果和修改前一样。在 With 语句前加入一行：

```
Range("A5").Select
```

试着运行该宏，会发现无论开始选择哪个单元格，宏运行结果都是使 A5 单元格变红。可以看到，编辑录制的宏同样非常简单。需要编辑宏是出于以下 3 个方面的原因：

（1）在录制中出错而不得不修改。

（2）录制的宏中有多余的语句需要删除，以提高宏的运行速度。

（3）希望增加宏的功能，如加入判断或循环等无法录制的语句。

3.7.8　录制宏的局限性

宏记录器存在以下 4 点局限性：

（1）录制的宏无判断或循环能力。

（2）人机交互能力差，即用户无法进行输入，计算机无法给出提示。

（3）无法显示 Excel 对话框。

（4）无法显示自定义窗体。

3.7.9 思考题

（1）VBA 只能用于 Excel 吗？

（2）VBA 基于哪种语言？

（3）说说 Excel 和 VBA 的关系。

（4）为什么要用宏？

3.8 处理录制的宏

3.8.1 为宏指定快捷键

快捷键指键的组合，当其被按下时执行一条命令。

例如："Ctrl+C"在许多程序中代表"复制"命令。给宏指定了快捷键后，就可以用快捷键执行宏，而不必通过"工具"菜单。

注意：当包含宏的工作簿打开时，为宏指定快捷键会覆盖 Excel 默认的快捷键。

例如：把"Ctrl+C"指定给某个宏，那么"Ctrl+C"就不再执行"复制"命令。用以下方法可以打印出 Excel 的快捷键清单。

（1）打开 Excel 帮助文件并选择"目录"选项。

（2）从"使用快捷键"文件夹中选择"快捷键"标题。

（3）右击该标题，从快捷菜单中选择"打印"。

（4）选择"打印所选标题和所有子主题"，单击"确定"按钮。

可以在创建宏时指定快捷键，也可以在创建后再指定。要在创建（录制）宏时指定快捷键，只需在录制宏时输入宏名后，在"快捷键"文本框中输入相应的键。创建（录制）宏后指定快捷键也很简单，只需选择"工具"→"宏"，显示"宏"对话框，选择要指定快捷键的宏，再单击"选项"按钮，通过"选项"对话框进行设置。

3.8.2 决定宏保存的位置

宏可保存在如下 3 个位置：

（1）当前工作簿（只有打开该工作簿时，该宏才可用）。

（2）新工作簿。

（3）个人宏工作簿。

3.8.3 个人宏工作簿

个人宏工作簿是为宏设计的一种特殊的具有自动隐藏特性的工作簿。第一次将宏创建到个人宏工作簿时，会创建名为"PERSONAL.XLS"的新文件。如果该文件存在，则当 Excel 启动时，会自动将此文件打开并隐藏在活动工作簿后面（在"窗口"菜单中选择"取消隐藏"后，可以发现它的存在）。如果想让某个宏在多个工作簿中都能使用，就应当创建个人宏工作簿，并将宏保存进去。个人宏工作簿保存在"XLSTART"文件夹中。具体路径为"C:\WINDOWS\Profiles\Application Data\Microsoft\Excel\XLSTART"。可以通过单词"XLSTART"进行查询。

注意：如果存在个人宏工作簿，则当启动 Excel 时，会自动将此文件打开并隐藏。这是因为它存放在"XLSTART"文件夹内。

1. 保存宏到个人宏工作簿

保存一个简单的宏到个人宏工作簿的具体步骤为（该宏为文本加下划线并改为斜体）：

（1）建立一个名为"HOUR2"的工作簿，选择"工具"→"宏"→"录制新宏"，显示"录制新宏"对话框。

（2）输入"格式化文本"作为宏名。

（3）从"保存在"下拉框中选择"个人宏工作簿"。

（4）单击"确定"按钮，进入录制模式。

（5）单击"斜体"工具栏按钮。一段时间内，鼠标出现沙漏，特别是在第一次创建个人宏工作簿时，这是因为 Excel 在创建该工作簿。

（6）单击"下划线"按钮。

（7）停止录制。

2. 使用并编辑个人宏工作簿中的宏

刚才已经保存了一个宏到个人宏工作簿，现在可以在任何工作簿中使用该宏。可按如下步骤操作：

（1）关闭所有 Excel 工作簿。

（2）任意打开一个 Excel 文件（Excel 自动将个人宏工作簿同时打开并隐藏）。

（3）在 A3 中输入你的名字。

（4）选择"工具"→"宏"，显示"宏"对话框。现在可以在宏列表中看到"格式化文本"宏。

（5）选择"格式化文本"宏，并执行。在 A3 单元格中，名字变为斜体字并带有下划线。选择"窗口"→"取消隐藏"，可以将"PERSONAL.XLS"显示出来，其中没有任何文字，但通过 VBA 编辑器可以在其中的模块中找到"格式化文本"宏。在 VBA 编辑器中可以对该宏进行直接编辑或者删除。如果"PERSONAL.XLS"中一个宏都没有，在启动 Excel 时仍会打开"PERSONAL.XLS"，这也许是 Excel 的一个小毛病。

3.8.4　将宏指定给按钮、图片或其他对象

1. 将宏指定给按钮

即使通过快捷键可以使宏的执行速度变快，但一旦宏的数量多了也难以记忆，且如果宏是由其他人使用，他们也不会记住那么多的快捷键。

Excel 主要就是为自动化提供一个易于操作的界面。按钮是最常见的界面组成元素之一。通过使用"窗体"工具栏，可以为工作簿中的工作表添加按钮。在创建完一个按钮后，可以为它指定宏，然后用户就可以通过单击按钮来执行宏。在本练习中，将创建一个按钮，并为它指定一个宏，然后用该按钮来执行宏。具体步骤如下：

（1）打开"HOUR2"工作簿。

（2）调出"窗体"工具栏。

（3）单击"窗体"工具栏中的"按钮"控件，此时鼠标变成十字形状。

（4）在希望放置按钮的位置按下鼠标左键，拖动鼠标画出一个矩形，这个矩形代表了该按钮的大小。对大小满意后放开鼠标左键，这样一个命令按钮就添加到了工作表中，同时 Excel 自动显示"指定宏"对话框。

（5）从"指定宏"对话框中选择"格式化文本"，单击"确定"按钮。这样，就把该宏指定给了命令按钮。

（6）在按钮的标题"按钮 1"前单击鼠标左键，按下"Delete"直到删除所有文本，输入"格式化"作为标题。

（7）单击按钮外的任意位置，现在该按钮的标题由默认的"按钮 1"变为"格式化"，且被指定了一个宏。

（8）试着在某个单元格中输入文本，单击按钮运行该宏。

当鼠标移动至该按钮时自动变成手的形状，如果要改变其大小或标题，只需用右键单击该按钮就可以进行修改和设置。这样，使用者再也不需记住宏的名字或快捷键了，只需按一下按钮即可。

2. 将宏指定给图片或其他对象

要执行宏有多种方法可以选择，可以将宏指定给按钮等控件，还可以将其指定给图片、自定义工具栏、窗体甚至某个"事件"（如单击工作表、双击工作表、激活工作表、打开工作簿等）。"事件"是一个重要的概念，除此之外，"方法""对象"都是使用者会经常接触的。指定宏到图片十分简单，只需单击某个图片，单击快捷菜单中的"指定宏"进行设置即可。

如果不希望在工作表上添加控件或图片执行宏，还有一种方法可以选择——将宏指定给"工具栏"按钮，可按如下步骤进行操作：

（1）打开"HOUR2"工作簿，选择"工具"→"定义"，显示"自定义工具栏"对话框。

（2）从"类别"列表框中选择"宏"，从"命令"列表框中选择"自定义按钮"。

（3）将"自定义按钮"拖动到工具栏。

（4）右键单击该按钮，选择"指定宏"，显示"指定宏"对话框。

（5）选择"格式化文本"并确定。

（6）单击"关闭"按钮，关闭"自定义工具栏"对话框。

（7）试着在某个单元格中输入文本，单击"工具栏"按钮运行该宏。

3.9　VBA 编程示例和技巧

3.9.1　处理单元格区域

这一节阐述了如何使用 VBA 处理工作表中的单元格区域。

本节提供了以下示例：复制单元格区域、移动单元格区域、选择单元格区域、确定单元格区域内信息的类型、提示输入单元格的值、确定一列中第一个空单元格、暂停宏以允许用户选择单元格区域、统计单元格区域中的单元格数、遍历单元格区域中的单元格，以及其他几个常用的与单元格有关的操作。

1. 复制单元格区域

Excel 的宏录制器非常有用，它可以生成可用的代码，还可以发现相关的对象、方法和属性的名称。由宏录制器生成的代码并不总是最有效的，但它通常可以提供很多有用的信息。

例如，录制简单的复制和粘贴操作就会生成以下 5 行代码：

```
Sub Macro1 ( )
Range ( "A1") .select
Selection.copy
Range("B1") .select
Activesheet.Paste
Application.cutcopyMode = False
End Sub
```

请注意，上述生成的代码选中了单元格 A1，将其复制下来，然后又选中了单元格 B1，并执行了粘贴操作。但在 VBA 中没必要先选中要处理的单元格。上述代码中有两条语句都使用了 "Select" 方法。这个过程可以更加简单，代码中可不选中任何单元格，如下面的例程所示。下面的例程还利用了 "Copy" 方法可以使用一个参数这一特点，该参数代表单元格区域的目的地。

```
Sub copyRange ( )
Range ("A1") .copyRange( "B1")
End Sub
```

上述两个宏的前提是有一个活动工作表，而且这些操作都发生在这个活动工作表中。如果要把单元格区域复制到另一个工作表或工作簿中，只要限定目的地的单元格区域引用即可。在下面的示例中，从 "File1.xlsx" 的工作表 "Sheet1" 中将一个单元格区域复制到 "File2.xlsx" 的工作表 "Sheet2" 中。由于这个引用是完全限定的，因此不管该工作簿是不是活动的，这个示例都会顺利运行。

```
Sub CopyRange2 ( )
Workbooks ("File1.xlsx").Sheets ( "Sheet1").Range ( "A1").Copy _
Workbooks ("File2.xlsx") .Sheets ("Sheet2" ).Range( "A1")
End Sub
```

另一个方法是：使用对象变量代表单元格区域，如下面的代码所示。

```
Sub CopyRange3 ( )
Dim Rng1 As Range,Rng2 As Range
set Rng1 = Workbooks("File1.xlsx").Sheets ("sheet1").Range("A1")
set Rng2 = Workbooks("File2.xlsx").Sheets ( "Sheet2").Range ("A1")
Rng1.copy Rng2
End Sub
```

复制操作并不限于一次复制一个单元格。例如，下面的示例就复制了一个很大的单元格区域。注意：这里的目的地只由一个单元格组成。目的地使用单个单元格的作用就像是在 Excel 中手动复制粘贴单元格区域一样。

```
Sub CopyRange4 ( )
Range ( "A1:c800") .Copy Range ("D1")
End Sub
```

2. 移动单元格区域

如下面的示例所示，VBA 移动单元格区域的指令类似于复制单元格区域的指令。区别在于移动单元格区域使用了"Cut"方法来代替"Copy"方法。注意：需要指定目的地单元格区域的左上角单元格。

下面的示例把 18 个单元格 (位于单元格 A1:C6 中) 移到了一个新位置 , 这个新位置从单元格 H1 开始：

```
Sub MoveRange1 ( )
Range("A1:C6").Cut Range( "H1")
End Sub
```

3.9.2 处理工作簿和工作表

这一节中的示例阐述了使用 VBA 处理工作簿和工作表的各种方式。

1. 保存所有工作簿

下面的过程将遍历 Workbooks 集合中的所有工作簿，并保存以前保存了的每一个文件。

```
Public sub saveAllworkbooks ( )
Dim Book As workbook
For Each Book In workbooks
If Book.Path <> Then Book. saveNext Book
End Sub
```

104

请注意"Path"属性的用法。如果工作簿的"Path"属性的值为空，就表明从未保存过这个文件（这是一个新的工作簿）。上述过程将忽略此类工作簿，并只保存"Path"属性值非空的工作簿。更有效的方法是检查"Saved"属性，如果工作簿自上次保存以来未修改过，则这个属性值为"True"。下面的"saveAllworkbooks2"过程不会保存不需要保存的文件。

```
Public sub saveAllworkbooks2 ( )
Dim Book As workbook
For Each Book In Workbooks
If Book.Path <> Then
If Book.saved <> True Then
Book.save
End If
End If
Next Book
End Sub
```

2. 保存和关闭所有工作簿

下面的过程将循环遍历 Workbooks 集合，将保存和关闭所有工作簿。

```
Sub closeAllworkbooks ( )
Dim Book As workbook
For Each Book In workbooks
If Book.Name <> Thiaworkbook. Name Then
Book.close savechanges:–True
End If
Next Book
Thisworkbook.close savechanges:=True
End Sub
```

上述过程在"For Next"循环中使用了一条"If"语句，以确定该工作簿是不是包含这些代码的工作簿。过程中必须有这条语句，因为关闭包含上述过程的工作簿将结束运行代码，而不会影响后续的工作簿。在关闭其他工作簿后，包含代码的工作簿会自动关闭。

第4章　Aspen Plus 入门与应用模拟

4.1　化工过程模拟技术

化工过程模拟可分为稳态模拟和动态模拟。通常，化工过程模拟多指稳态模拟。

化工过程模拟实际上就是使用计算机程序定量计算一个化学过程中的特性方程。也就是说，化工过程模拟是在计算机上"再现"实际的生产过程，根据化工过程的数据，采用适当的模拟软件，将由多个单元操作组成的化工流程用数学模型进行描述，模拟实际生产过程，并通过改变各种有效条件在计算机上得到需要的结果。涉及的化工过程中的数据一般包括进料的温度、压力、流量、组成及有关的工艺操作条件、工艺规定、产品规格、相关的设备参数。

化工过程模拟是化工工艺设计的重要手段，其能够通过计算机的辅助计算手段对物料平衡、热平衡、化学平衡、压力平衡等进行精确、严格的计算，预测出口物料的组成和性质。同时，也能够准确估算出设备尺寸并对能量进行分析，减少装置设计时间，帮助改进现有工艺，最终对整个过程做出最理想的经济分析。

4.2　Aspen Plus

4.2.1　Aspen Plus 软件介绍

1. Aspen Plus 简介

Aspen Plus 是一款功能强大的集化工设计、生产装置设计、动态模拟、稳态模拟和优化的大型通用流程模拟系统于一体的大型通用过程模拟软件，可用于医药、化工等多种工程领域的工艺流程模拟、工程性能监控、优化等过程。该软件是由美国能源部在麻省理工学院（MIT）组织开发的新型第三代流程模拟软件，此项目称为"先进过程工程系统"（Advanced System for Process Engineering），简称 ASPEN。项目于 1981 年底完成，1982 年 Aspen Tech 公司成立后软件被商品化，并称之为 Aspen Plus。经过不断改进、扩充和提高，现已先后推出 10 多个版本，成为公认的标准大型化工过程模拟软件。

Aspen Plus 为用户提供了一套完整的单元操作模块，可用于各种操作规程的模拟及单个操作单元到整个工艺流程的模拟，全球各大化工、石化、炼油等过程工业制造企业及著名的工程公司都是 Aspen Plus 的用户。其具有的严格的机理模型和先进的技术是赢得广大用户信赖的强力保障。

Aspen Plus 可广泛应用于新工艺开发、装置设计优化，以及脱瓶颈分析与改造。其稳态模拟工具具有丰富的物性数据库，可以处理非理想、极性高的复杂物系，并独具联立方程法和序贯模块法相结合的解算方法及一系列拓展的单元模型库。此外，其还具有灵敏度分析、自动排序、多种收敛方法及报告输出等功能。

Aspen Plus 主要由以下 3 部分组成：

（1）最完备的物性数据库。物性模型和数据是能否得到精准可靠的模拟结果的关键。Aspen Plus 具有最适用于工业且最完备的物性系统，其包括 2477 种无机物、1948 种有机物、3314 种固体、1676 种水溶电解质的基本物性参数。Aspen Plus 可自动从数据库中调用基础物性进行热力学性质和传递性质的计算。此外，Aspen Plus 还提供几十种传递性质和热力学性质相关的计算模型方法，其含有的物性常数估算系统（PCES）能够通过输入分子结构和易测性质（如沸点）来估算短缺的物性参数。很多公司为了使其物性计算方法标准化而采用 Aspen Plus 的物性系统，并与其自身的工程计算软件相结合。

Aspen Plus 拥有一套完整的基于状态方程和活度系数方法的物性模型。其数据库除了包括 6000 多种纯组分的物性数据，还包含完善的固体数据库（含 3314 种固体）和电解质数据库（含 900 种离子和分子）。Aspen Plus 与 DECHEMA 数据库有软件接口，该数据库收集了世界上最完备的气液平衡和液液平衡数据，共计 25 万多套数据。用户也可以将自己的物性数据与 Aspen Plus 系统相连接。

（2）单元操作模块。除组分、物性、状态方程外，Aspen Plus 还拥有一套完整的单元操作模块（50 多种单元操作模块）。通过模块与模型的不同组合，可以模拟用户需要的流程。此外，Aspen Plus 还能提供多种分析工具（如灵敏度分析模块），利用该模块，用户可以设置某操作变量为灵敏度分析变量，通过改变此变量的值来模拟操作结果的变化情况。

（3）系统实现策略。Aspen Plus 的数据输入是通过命令方式进行的，即通过三级命令关键字书写的语段、语句及输入数据对各种流程数据进行输入，输入文件中还可包括注解和插入的 "Fortran" 语句，输入文件命令解释程序可转化为用于模拟计算的各种信息，这种输入方式简化了软件的使用。Aspen Plus 所用的解算方法为序贯模块法及联立方程法，流程计算顺序可由程序自动产生，也可由用户自定义，对于有循环回路或设计规定的流程必须进行迭代收敛。Aspen Plus 可把各种输入数据及模拟结果存放在报告文件中，可通过命令控制报告文件的形式及内容，并在某些情况下输出结果并作图。

Aspen Plus 构成简图如图 4.1 所示。

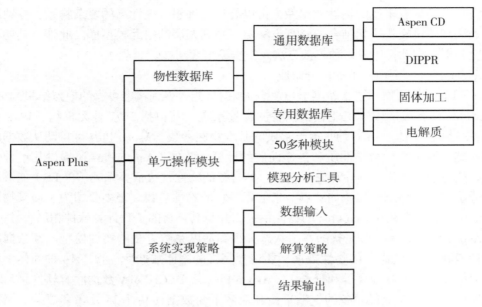

图 4.1　Aspen Plus 构成简图

2. Aspen Plus 主要功能

Aspen Plus 贯穿整个工艺生命周期，可用于多种化工过程的模拟，其主要功能如下：

（1）通过设备模型对工艺过程进行严格的能量和质量的平衡计算；

（2）能够预测物流流量、组成和性质；

（3）能够预测操作条件、设备尺寸；

（4）能够减少装置的设计时间，并进行各种装置的设计方案比较；

（5）帮助改进当前工艺，在线优化完整的工艺装置，在给定的约束条件下优化工艺条件，辅助确定一个工艺的约束部位，即消除瓶颈；

（6）回归试验数据。Aspen Plus 根据模型的复杂程度支持规模工作流（可以从简单、单一的装置流程到巨大的、多个工程师开发和维护的整厂流程）。分级模块和模块功能使模型的开发和维护变得更加简单。

4.2.2　Aspen Plus 的用户界面

化工过程模拟系统的构成如图 4.2 所示。

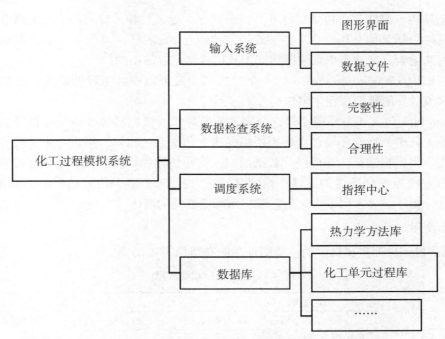

图 4.2　化工过程模拟系统的构成

1. Aspen Plus 界面主窗口

Aspen PlusV8.0 及以上版本采用新的通用的"壳"用户界面，这种结构已被 Aspen Tech 公司的其他许多产品采用。"壳"组件提供了一个交互式的工作环境，方便用户控制显示界面。Aspen Plus 的模拟环境界面中文版如图 4.3 所示。

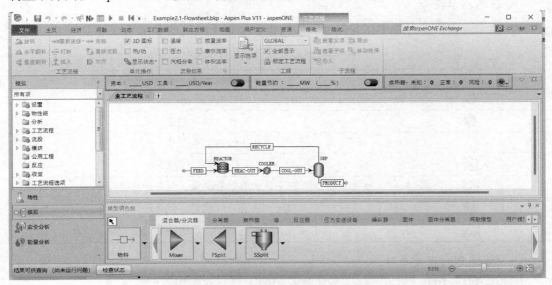

图 4.3　Aspen Plus 的模拟环境界面中文版

功能区（Ribbon）包括一些显示不同功能命令集合的选项卡，还包括文件菜单和快捷访问工具栏。文件菜单包括"打开""保存""导入"和"导出"等相关命令。快捷访问工具栏包括其他常用命令（如"取消""回复"和"下一步"）。无论激活哪一个功能区的选项卡，文件菜单和快捷访问工具栏总是可以使用的。

导航版面（Navigation Pane）为一个层次树，其可以查看流程的输入、结果和已被定义的对象。导航版面总在主窗口的左侧显示。

Aspen Plus 包含 4 个环境变量，分别为物性环境、模拟环境、安全分析环境和能量分析环境。其中，物性环境包含模拟所需的所有化学系统窗体，用户可定义组分、物性方法、化学集、物性集，并可进行数据回归、物性估算和物性分析；安全分析环境包含流程和流程模拟安全所需的窗体；模拟环境包含流程和流程模拟所需的窗体和特有功能；能量分析环境包含用于优化工艺流程而降低能耗的窗体。

2. 主要图形功能建立

Aspen Plus 界面主窗口中的主要图标功能介绍见表 4.1。

表 4.1　主要图标功能介绍

图标	说明	功能
N→	下一步（Next）	指导用户进行下一步的输入
👀	数据浏览（Data Browser）	浏览、编辑表和页面
▦	控制面板（Run Control Panel）	显示运行过程，并进行控制
◀	初始化（Reinitialize）	重新计算，不使用上次的计算结果
▶	开始运行（Start）	输入完成后，开始计算
☑	结果显示（Check Results）	显示模拟计算的结果

3. 状态指示符号

在整个流程模拟过程中，左侧的导航面板会出现不同的状态指示符号（表 4.2）。

表 4.2　状态指示符号及其意义

符号	意义
◖	该表输入未完成
✔	该表输入完成
○	该表中没有输入，是可选项
☑	对于该表有计算结果
✕	对于该表有计算结果，但有计算错误
❗	对于该表有计算结果，但有计算警告
△	对于该表有计算结果，但生成结果后输入发生改变

4. Aspen Plus 专家系统

Aspen Plus 中的"Next"是一个非常有用的工具，其作用有如下 3 点：

（1）通过显示信息，指导用户完成模拟所需的或可选择的输入；

（2）指导用户进行下一步操作；

（3）确保用户输入参数的完整性和一致性。

点击"Next"后的输出结果见表 4.3。

表 4.3　点击"Next"后的输出结果

点击"Next"前	点击"Next"后
所在工作表输入不完整	提示所在工作表下用户未完成的输入信息
所在工作表输入完整	进入当前对象下一个需要输入的工作表界面
选择一个已经完成的对象	进入下一个对象或者运行的下一步
选择一个未完成的对象	进入下一个必须完成的工作表

4.2.3　使用 Aspen Plus 进行过程模拟的一般步骤

例 4.1　某化工系统流程如图 4.4 所示，物流经冷凝器"COOLER"进入两相闪蒸器"FLASH1"，底部液相经节流阀"VALVE"节流至 0.6MPa 后再进入两相闪蒸器"FLASH2"，进料温度为 –100℃，压力为 1.2MPa，流率为 100kmol/h。摩尔分率为：氢气 0.01、甲烷 0.68、乙烷 0.31。物性方法选择"RK–SOAVE"。

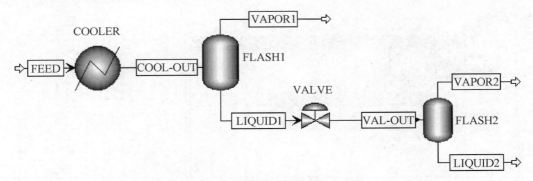

图 4.4　某化工系统流程

两相闪蒸器"FLASH1"（选择"FLASH1"模块）操作温度为 –110℃，压降为 0；两相闪蒸器"FLASH2"（选择"Flash2"模块）操作温度为 –125℃，压降为 0；冷凝器"COOLER"（选择"Heater"模块）热负荷为 –14kW，压降为 0.02MPa。

最后，要求完成此过程模拟并查看物流结果。

本例题步骤如下：

（1）启动 Aspen Plus。

依次点击"开始"→"程序"→"所有程序"→"Aspen Plus"→"Aspen Plus V11"，点击"New"或者使用快捷键"Ctrl+N"新建模拟（图 4.5）。进入模板选择对话框中（图 4.6），系统会提示用户建立"空白模拟（Blank Simulation）""空间歇流程（Blank Batch Process）"及一些系统建立库［"空气分离（Air Separation）""化学工艺（Chemical Processes）""电解质（Electrolytes）""气体处理（Gas Processing）""冶炼（Metallurgy）""制药（Pharmaceutical）""聚合物（Polymers）""炼油（Refinery）""固体（Solids）"或者"用户（User）""我的模板（My Templates）"。

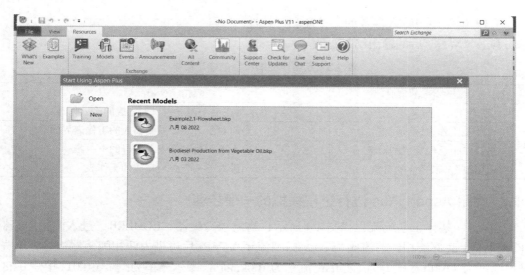

图 4.5　新建模拟

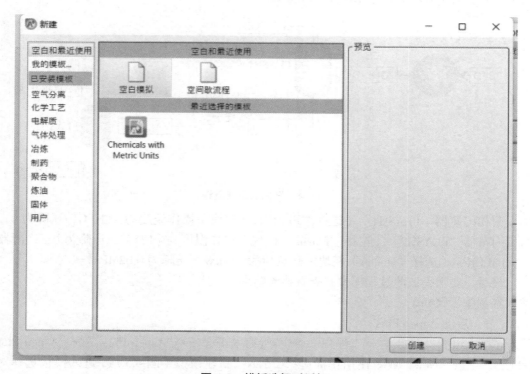

图 4.6　模板选择对话框

"Chemical Processes"窗口中有以下选项："Batch Specialty Chemicals with English Units""Batch Specialty Chemicals with Metric Units""Chemicals with English Units""Chemicals with Matric Units""Specialty Chemicals with English Units"和"Specialty Chemicals with Metric Units"，在右侧"Preview"窗口会显示两种模板的不同物流报告基准和不同压力、体积流量和能量单位（图 4.7）。

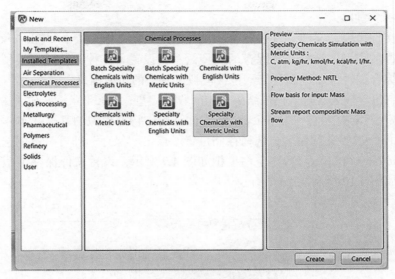

图 4.7　选择不同模板

模板设定工程计算通常使用的缺省项，这些缺省项一般包括测量单位、所要报告的物流组成信息和性质、物流报告格式、自由水选项默认设置及其他特定应用。对于每个模板，用户可以选择使用公用或者英制单位，也可自行设定常用的单位。表 4.4 列出了内置模板可供选择的单位集。

表 4.4　内置模板可供选择的单位集

单位集	温度	压力	质量流量	摩尔流量	焓流	体积流量
ENG	F	psia	lb/hr	lbmol/hr	Btu/hr	Cuft/hr
MET	K	atm	kg/hr	kmol/hr	Cal/sec	l/min
METCBAR	C	bar	kg/hr	kmol/hr	MMkcal/hr	cum/hr
METCKGGM	C	kg/sqcm	kg/hr	kmol/hr	MMkcal/hr	cum/hr
SI	K	n/sqm	kg/sec	kmol/hr	watt	cum/sec
SI-CBAR	C	bar	kg/hr	kmol/hr	watt	cum/hr

或可直接点击桌面快捷图标（图 4.8），启动 Aspen Plus，继续后续操作。

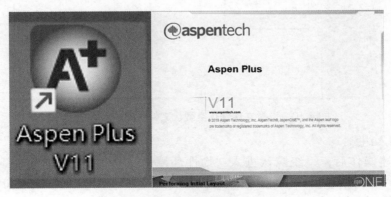

图 4.8　桌面快捷图标启动 Aspen Plus

（2）保存文件。

为防止文件丢失，在建立流程之前，一般应先保存文件。点击"File → Save As"，设置文件保存的类型。选择文件保存的类型，系统设置了4种文件保存类型，分别为："*. apwz"综合文件，二进制存储，包含模拟过程中的所有信息；"*.apw"文档文件，二进制存储，包含输入规定、模拟结果和中间收敛信息；"*.bkp"运行过程的备份文件，包含输入规定、结果信息；"*.apt"模板文件，用作将来模拟的基准。本例选择保存为"*.bkp"文件。设置文件命名，选择存储位置。点击"保存"即可，本例选择文件保存为"例题–flowsheet.bkp"。新建空白模拟如图4.9所示，设置文件保存类型、文件名称命名和位置如图4.10所示。

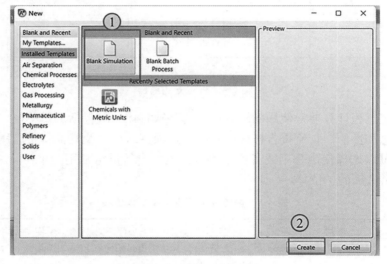

图 4.9　新建空白模拟

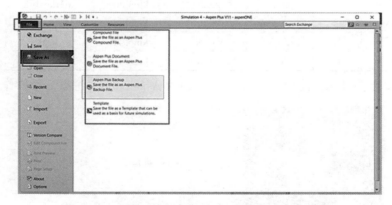

图 4.10　设置文件保存类型、文件名称命名和位置

（3）输入组分。

完成上述操作后，系统默认进入"物性环境（Properties）"中的"Components → Specifications → Selection"界面，用户在此对话框中输入题干或需求的组分，也可以直接在"Home"功能选项卡中点击"Components"按钮，进入组分输入界面（图4.11）。

在"Component ID"一栏输入组分，点击"Enter"，简单的可识别的组分可由系统自动识别，并自动填写其类型（Type）、组分名称（Component name）及分子式（Alias）。本例题中直接输入组分的分子式，按"Enter"即可自动识别填入。若为复杂的或有异构体的化学式（如异丙苯 PRO-BEN），系统不能够自动识别填写，则需要使用"查找（Find）"功能，利用该功能可根据组分名、分子式、组分类别、分子量、沸点或 CAS 号查找组分。用户选中对应的"Component ID"，点击"查找（Find）"功能，在"Find Compounds"页面输入异丙苯的分子式或其 CAS 号等，点击"Find Now"，系统会从纯组分数据库中检索出符合条件的物质（图 4.12）。从列出的组分中选择符合题干或用户需求的物质，点击"Add selected compounds"按钮，点击"Close"，回到"Components → Specifications → Selection"窗口。

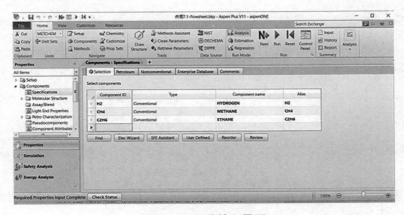

图 4.11 组分输入界面

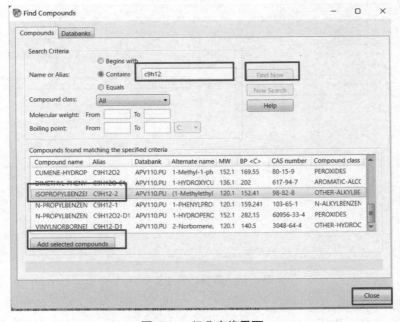

图 4.12 组分查找界面

（4）选择物性方法。

完成组分输入后，点击"N→"键，进入"Methods → Specifications → Global"界面，或者在导航界面上点击"Home"功能区选项卡的"⚖"按钮也能够进入"物性方法选择"页面。物性方法的选择在模拟过程中是非常重要的一个步骤，对于能否模拟准确的结果起到关键作用。本例题按题要求选择状态方程方法"RK–SOAVE"（图4.13）。

图4.13　选择物性方法

点击查看参数，进入"Parameters → Binary Interaction → RKSKBV–1"界面，查看二元交互参数（图4.14）。

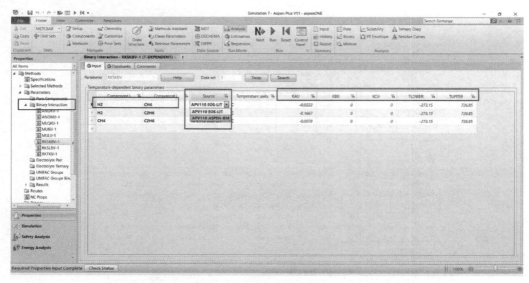

图4.14　查看二元交互参数

（5）搭建流程图。

完成上述准备工作后，进入"模拟环境（Simulation）"，用户可以搭建流程图。

①添加模块。

首先，点击界面窗口下方，选择所需要的模块，然后移动鼠标至界面空白框内，单击鼠标左键，放置模块 B1（图 4.15）。

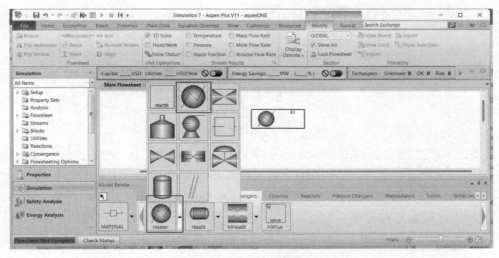

图 4.15　添加冷凝器模块

②添加物流和链接模块。

添加完模块后，需要对模块进行对应的输入输出流股，点击模块调色板中"Material Stream"的下拉箭头，显示 3 种选项，分别为"MATERIAL"（物料）、"HEAT"（能量）和"WORK"（功）。本例题选择"MATERIAL"（物料）。鼠标移至窗口后，模块上就会出现红、蓝两色凸显的箭头表示的端口（图 4.16）。红色为必填物流，用户必须选择，蓝色为可选择性物流，用户可根据自身设计需要自行添加。点击"输入物料"，弹出"添加物流流股名称"对话框，按需求进行命名（图 4.17）。

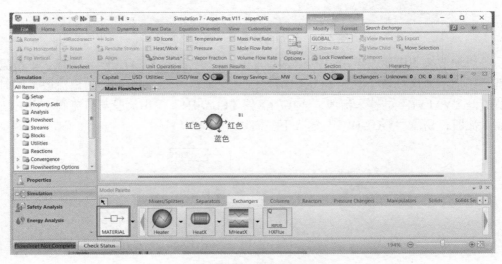

图 4.16　模块显示的物流端口

图 4.17　添加物流流股名称

a. 添加闪蒸器模块，点击"Separators → Flash2 → V-DRUM1"图标，单击鼠标左键，添加闪蒸器模块。物流"COOL-OUT"既是冷却器"COOLER"的输出流股，同时也是闪蒸器"FLASH2"的输入流股，连接冷却器"COOLER"的输出流股与闪蒸器"FLASH2"的输入流股，物流"VAPOR1"直接输出，物流"LIQUID1"输入下一模块（图 4.18）。

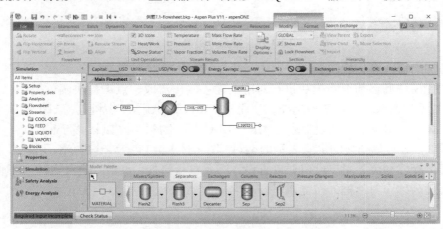

图 4.18　添加闪蒸器模块且连接流股

b. 添加节流阀模块，点击"Pressure Changers → Valve → VALVE4"图标，单击鼠标左键，添加节流阀模块，物流"LIQUID1"既是闪蒸器"FLASH1"的输出流股，同时也是节流阀"VALVE"的输入流股，连接闪蒸器"FLASH1"输出流股与节流阀"VALVE"的输入流股，物流"VAL-OUT"输入下一模块（图 4.19）。

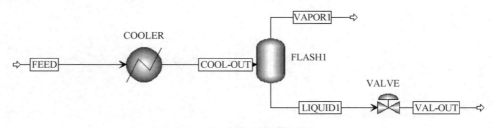

图 4.19　添加节流阀模块且连接流股

　　c. 添加闪蒸器模块，点击 "Separators → Flash2 → V–DRUM1" 图标，单击鼠标左键，添加闪蒸器模块。物流 "VAL–OUT" 既是节流阀 "VALVE" 的输出流股，同时也是闪蒸器 "FLASH2" 的输入流股。连接节流阀 "VALVE" 的输出流股与闪蒸器 "FLASH2" 的输入流股，对于在搭建流程过程中对物流与模块的命名具有一定的实际意义。点击箭头，双击鼠标左键对模块和流股进行修改命名。至此，流程搭建完成（图 4.20）。

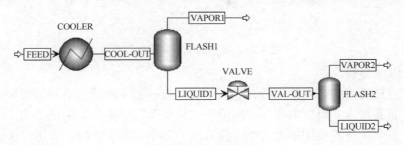

图 4.20　完整流程

　　③输入物流参数。

　　输入进料 "FEED" 条件参数。点击 "Streams → FEED → Input → Mixed" 界面，规定闪蒸计算类型［输入物流的 "Temperature（温度）" "Pressure（压力）" "Vapor fraction（汽相分率）"］三者中的两个及物流的流量或组成（图 4.21）。"Total flow basis" 一栏的输入物流的总流量分别有质量流量（Mass）、摩尔流量（Mole）、标准液体体积（Stdvol）和体积流量（Volume）。输入 "Total flow basis" 后，还要在 "Composition" 一栏中输入各组分流量或物流组成。用户也可不输入 "Total flow basis"，但要在 "Composition" 一栏处选择输入类型及各组分流量。本例题输入的进料物流温度为 –100℃，压力为 1.2MPa，总流量为 100kmol/h，氢气的摩尔分率为 0.01，甲烷的摩尔分率为 0.68，乙烷的摩尔分率为 0.31（图 4.22）。

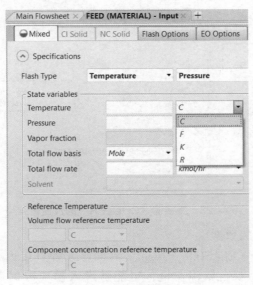

图 4.21　"FEED" 条件参数

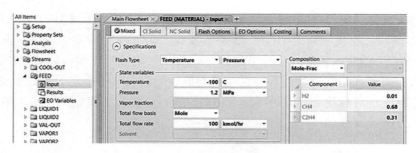

图 4.22　进料物流的数据输入

④输入模块参数。

在完成进料物流的数据输入后，进入模块参数的输入阶段。不同的模块输入的数据有所不同，需要输入"出口温度""压降""热负荷"三项中的两项。当"输入压力"大于 0 时，表示设备的操作压力；当"输入压力"小于等于 0 时，表示设备的压降。本例题中 4 个模块的数据输入介绍如下：

a."COOLER"模块的数据输入。

点击进入"Blocks → COOLER → Input"界面，或者直接返回"Simulation"界面，选中对应的模块图标，双击鼠标左键，也能够进入模块数据输入界面。接着，进行模块"COOLER"的数据输入，选择合适的闪蒸计算模式，冷凝器"COOLER"的热负荷"Duty"为 –14kW，冷凝器"COOLER"的压力"Pressure"为 –0.02MPa，即压降为 0.02MPa（图 4.23）。

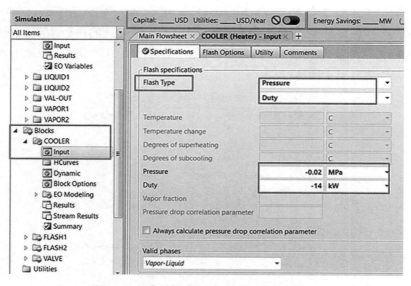

图 4.23　冷凝器"COOLER"的数据输入

b."FLASH1"模块的数据输入。

点击进入"Blocks → FLASH1 → Input"界面，或者直接返回"Simulation"界面，选中对应的模块图标，双击鼠标左键，也能够进入模块数据输入界面。接着，进行模块"FLASH1"的数据输入，选择合适的闪蒸计算模式，闪蒸器"FLASH1"的温度

"Temperature"为 –110℃，闪蒸器"FLASH1"的压力"Pressure"为 0，即压降为 0（图 4.24）。

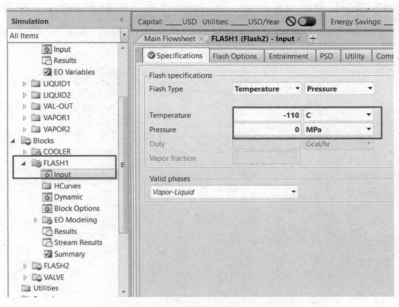

图 4.24　闪蒸器"FLASH1"的数据输入

c. "FLASH2"模块的数据输入。

点击进入"Blocks → FLASH2 → Input"界面，或者直接返回"Simulation"界面，选中对应的模块图标，双击鼠标左键，也能够进入模块数据输入界面。接着，进行模块"FLASH2"的数据输入，选择合适的闪蒸计算模式，闪蒸器"FLASH2"的温度"Temperature"为 –125℃，闪蒸器"FLASH2"的压力"Pressure"为 0，即压降为 0（图 4.25）。

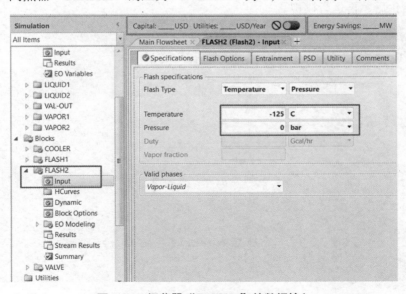

图 4.25　闪蒸器"FLASH2"的数据输入

d. "VALVE"模块的数据输入。

点击进入"Blocks → VALVE → Input"界面，或者直接返回"Simulation"界面，选中对应的模块图标，双击鼠标左键，也能够进入模块数据输入界面。接着，进行模块"VALVE"的数据输入，选择合适的闪蒸计算模式，节流阀"VALVE"的压力"Pressure"为 0.6MPa（图 4.26）。

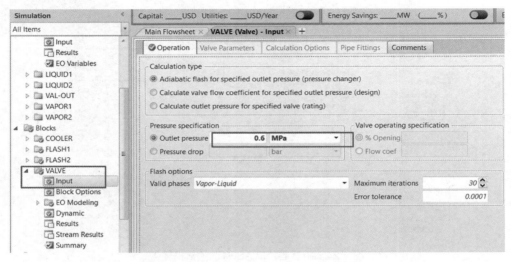

图 4.26　节流阀"VALVE"的数据输入

⑤运行方法。

点击"Next"，出现"Required Input Complete"对话框，点击"OK"（图 4.27），即可开始运行模拟。或者点击工具栏中的"运行（Run）"图标直接运行模拟。若是用户在输入过程中有改动，需要重新运行模拟，可以先点击工具栏中的"初始化（Reset）"图标，初始化后，再运行模拟。

图 4.27　运行模拟提示对话框

⑥控制面板。

完成所有的物料输入和模块参数的输入后，会提示"Required Input Complete"信息，此时可进行运行模拟，运行中若出现警告或错误，都会在控制面板中提示（图 4.28），或可以点击"Home → Control Panel"进入控制面板查看（图 4.29）。本例题运行后无警告和错误提示。

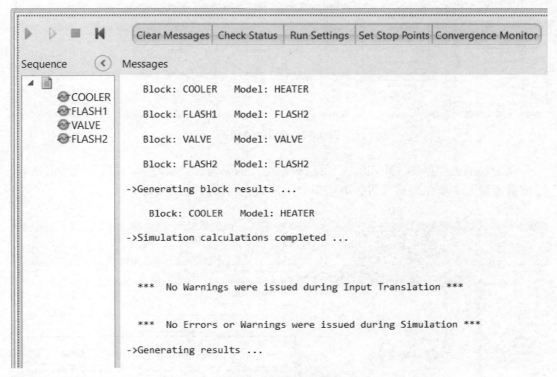

图 4.28　控制面板信息

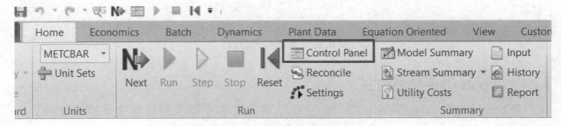

图 4.29　查看控制面板

⑦查看结果。

进入导航界面选择相应的选项，即可查看运行结果。如查看各流股信息，点击进入"Results Summary → Streams → Material"，在左侧数据浏览窗口选择对应选项，即可查看结果（图 4.30）。

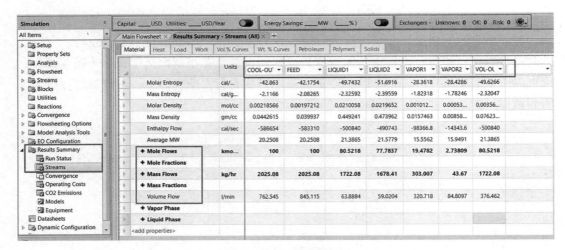

图 4.30　查看物流结果

点击功能选项区的"Modify"，可以根据用户需要勾选"压力""温度""汽相分率""质量流量""摩尔流量"等，并可对显示形式进行修改（图 4.31）。

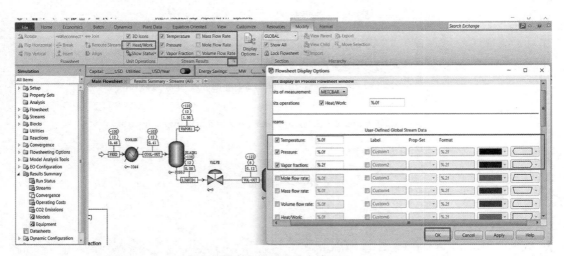

图 4.31　显示形式的设置

4.2.4　Aspen Plus 物性方法

对物性方法（Property Methed）的选择是模拟计算中能反馈计算结果准确性的一个关键步骤，其为计算中的方法和模型的集合。Aspen Plus 提供了含有常用热力学模型的物性方法，可计算热力学性质（如焓、熵、吉布斯自由能、K 值、逸度系数或体积）和传递性质（如黏度、热导率、表面张力、扩散系数）。选取不同的物性方法，模拟结果可能会不相同。如精馏塔模拟，在相同的条件下计算理论塔板数，用理想方法计算得到 11 块，用状态方程计算得到 7 块，用活度系数法计算得到 42 块。显然，物性方法和模型选择直接影响模拟结果是否正确，因此，需要用户选择合适的物性方法进行模拟。

1. Aspen Plus 数据库

Aspen Plus 数据库主要包括系统数据库、内置数据库、用户数据库，Aspen Plus 数据库特点见表 4.5。

表 4.5　Aspen Plus 数据库特点

Aspen Plus 数据库	特点
系统数据库	是 Aspen Plus 的一部分，适用于每一个程序的运行，包括 PURECOMP、SOLIDS、AQUEOUS、INORGANIC、BINARY 等数据库
内置数据库	与 Aspen Plus 的数据库无关，用户自己输入，需自己创建并激活
用户数据库	用户需要自己创建并激活，且数据具有针对性，不是对所有用户均开放

数据库里包含的参数：常数参数（如绝对温度、绝对压力）、相变的性质参数（如沸点、三相点）、参考态的性质参数（如标准生成焓以及标准生成吉布斯自由能）、随温度变化的热力学性质参数（如饱和蒸汽压）、传递性质的参数（如黏度）、安全性质的参数（如闪点、着火点）、UNIFAC 模型中的基团参数、状态方程中的参数、与石油相关的参数（如油品的 API 值、辛烷值、芳烃含量、氢含量及硫含量等）。

2. Aspen Plus 中的主要物性模型

Aspen Plus 中的主要物性模型有理想模型（如 IDEAL SYSOP0）、状态方程模型（如 Lee 方程、PR 方程、RK 方程）、活度系数模型（如 Pitzer、NRTL、UNIFAC、UNIQUAC、VANLAAR、WILSON）、特殊模型（如 AMINES、BK–10、STEAM–TA）。

（1）理想模型。

理想模型是指符合 Raoult 定律和 Henry 定律的模型，其主要包括大小和形状相似的非极性组分，如减压体系、低压下的同分异构体系。通常，把低压（压力低于大气压或低于 2bar[①]）的高温气体看作理想气体，把相互作用极小（如烷烃类）或相互作用能够彼此抵消的液体（如水、丙酮等）看作理想液体。理想模型见表 4.6。

表 4.6　理想模型

理想模型	K 值计算方法
IDEAL	Ideal Gas/Raoult's Law/Henry's Law
SYSOP0	Release 8 Version of Ideal Gas/Raoult's Law

Henry 定律只与理想模型和活度系数模型一起使用，它可以确定液相中的轻气体和超临界组分的量。任何超临界组分或轻气体（CO_2、N_2 等）都应标注为亨利组分（"Properties → Components → Henry Comps"界面），在"Properties → Methods → Specifications → Global"界面下添加定义的亨利组分。

（2）状态方程模型。

状态方程模型在化工热力学中不仅可以表示广泛的 p、V、T 之间的函数关系（包含临界和超临界状态），还可用于计算不能直接从实验测得的其他热力学性质。状态方程分类及其主要特点见表 4.7。

---

① 1bar=100kPa。

表 4.7　状态方程分类及其主要特点

类型	方程	特点
立方型状态方程	RK 方程、SRK 方程、PR 方程	简单、可靠、实用；在过程模拟中被普遍采用且适用于只需要计算部分物性的场合；立方型状态方程的修正在于提高计算饱和蒸汽压的精度[温度函数 $a(T)$]和提高计算液相密度的精度[方程函数 $p(V)$]
多参数状态方程	Virial 方程、BWR 方程、BWRS 方程	Vririal 方程形式简单、理论混合规则严格；BWR 方程和 BWRS 方程可作为纯组分性质作出准确计算
对应状态原理型状态方程	Lee-Kesler 方程	可以利用高精度参考流体的状态方程
具有严格统计力学基础的状态方程	微扰硬链理论（PHCT）、转子链（COR）方程	坚实的理论基础

（3）活度系数模型。

活度系数模型适用于中低压（低于 10atm[①]）下非理想液体混合物，采取 Henry 定律处理超临界组分，不适用于电解质体系。当活度系数法关联低压下的化学体系时，效果良好，对于无限稀释活度系数的数据的使用较容易，能从 DECHEMA 数据库中查到大多数体系的二元交互参数。

（4）特殊模型。

特殊模型的使用方法。K 值计算及应用见表 4.8。

表 4.8　K 值计算及应用

方法	K 值计算方法	应用
AMINES	Kent-Eisenberg Amines Model	MEA、DEA、DIPA、DGA 中 H_2S、CO_2 的处理
APISOUR	API Sour Water Model	含有 NH_3、H_2S、CO_2 的废水处理
BK-10	Braun K-10	石油
SOLIDS	Ideal Gas/ Raoult's Law/Henry's Law / Solid Activity Coefficients	冶金
CHAO-SEA	Chao-Seader Corresponding States Model	石油
GRAYSON	Grayson-Streed Corresponding States Model	石油
STEAM-TA	ASME Steam Table Correlations	水或蒸汽
STEAMNBS	NBS/NRC Steam Table Equation of State	水或蒸汽

3. 物性方法的选择

过程模拟必须选择合适的热力学模型。在使用模拟软件进行流程模拟时，用户定义了一个流程后，模拟软件一般会自行处理流程结构分析和模拟算法方面的问题，而对热力学模型的选择则需要用户决定。流程模拟中几乎所有的单元操作模型都需要对热力学性质的计算，目前，还没有一个热力学模型能适用于所有的物系和过程。流程模拟中要

① 1atm=101325Pa。

用到多个热力学模型，对热力学模型的恰当选择和正确使用决定着计算结果的准确性、可靠性和是否模拟成功。具体根据物系特点及操作温度、压力经验进行选取，由帮助系统进行选择。

（1）经验选取。

根据物系特点及其操作条件进行选择，物性方法的选择示意图如图 4.32 所示。

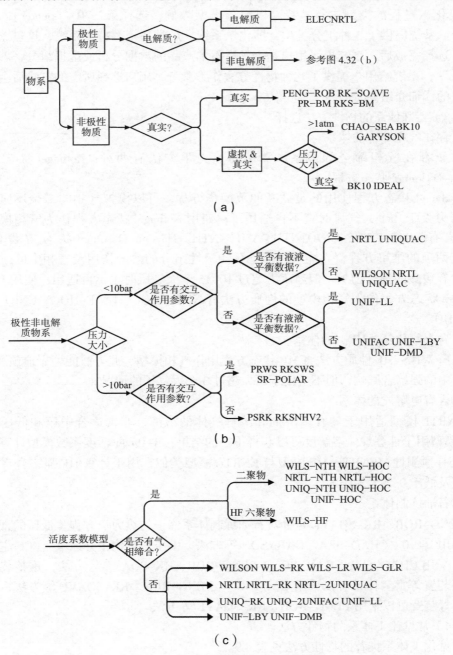

（a）

（b）

（c）

图 4.32　物性方法的选择示意图

（2）帮助系统。

Aspen Plus 为用户提供了选择物性方法的帮助系统，系统会根据组分的性质或化工处理过程的特点为用户推荐不同类型的物性方法。

点击菜单栏"Home"下的"Methods Assistant"，进入物性选择"帮助系统（Property Method Selection Assistant）"，启动帮助系统。系统提供了两种方法，可以通过组分类型或化工过程的类型进行选择。以组分类型为例，选择第一项"Specify Component Type"。系统提供了 3 种组分类型，即化学系统、烃类系统及特殊系统，这里选择烃类系统。选择完成后，系统提示用户是否含有石油产品的数据分析或虚拟组分，若无则点击"No"，系统给用户提供了几种物性方法作为参考，用户选择所需的方法后会得到对应方法的详细介绍。

（3）特殊体系的物性方法选择。

①存在气相缔合的体系。

对于存在气相缔合的体系，常用的热力学方法有两种：Nothagel 状态方程和 Hayden-O'Connel 状态方程。

Nothagel 状态方程使用的是截断的范德华方程，可以模拟气相的二聚反应，缺点是当压力大于几个大气压时就不再适用了；使用 Nothagel 状态方程作为气相模型的性质方法有 NRTL-NTH、UNIQ-NTH、WILS-NTH。Hayden-O'Connel 状态方程使用的是截至两项的维里方程，它能够可靠地预测极性组分的溶合作用及气相中的二聚现象（如含有羧酸的混合物），但当压力超过 10~15 个大气压时也不再适用；使用 Hayden-O'Connel 状态方程作为气相模型的性质方法有 NRTL-HOC、UNIF-HOC、UNIQ-HOC、WILS-HOC。

②含有氟化氢（HF）的体系。

只有 WILS-HF 性质方法将 HF 状态方程用作气相模型，此方法能可靠地预测 HF 在混合物中的强缔合影响，但不适用于压力超过 3 个大气压的情况。

③含有电解质的体系。

ENRTL 模型适用于具有多溶剂和溶解气体的溶液，非常适合中压和低压体系；Pitzer 模型用于计算气体溶解度可以获得很好的结果；B-Pitzer 活度系数模型计算精度有限但具有预测性；ENRTL-HF 模型与 ENRTL 模型类似，用于计算 HF 强络合现象的气相模型及低于 3 个大气压的体系。

④石油炼制体系。

PENG-ROB、RK-SOAVE 是针对石油炼制体系修正的热力学方程。低压的常减压塔可以采用 BK10、CHAO-SEA、GARYSON 等方法，中压的焦化主分馏塔、FCC 主分馏塔等可以采用 CHAO-SEA、GARYSON、PENG-ROB、RK-SOAVE 等方法，重整装置、加氢精制装置等富氢体系可以采用 GARYSON、PENG-ROB、RK-SOAVE 等方法，润滑油或脱沥青装置可以采用 PENG-ROB、RK-SOAVE 等方法。

（4）常见化工体系的物性方法。

常见化工体系推荐的物性方法见表 4.9。

表 4.9　常见化工体系推荐的物性方法

化工体系	推荐的物性方法
空分	PR、SRK
气体加工	PR、SRK
气体净化	Kent–Eisnberg、ENRTL
石油炼制	BK10、Chao–Seader、Grayson–Streed、PR、SRK
石油化工中 VLE 体系	PR、SRK、PSRK
石油化工中 LLE 体系	NRTL、UNIQUAC
化工过程	NRTL、UNIQUAC、PSRK
电解质体系	ENRTL、Zemaitis
低聚物	Polymer NRTL
高聚物	Polymer NRTL、PC–SAFT
环境	UNIFAC + Henrry'Law

4. 定义物性集

物性集（Property Sets）是多个物性的集合，用户可以给物性集指定名称，在一个应用中使用物性时只需引用物性集的名称。

（1）物性集设定。

若物性参数不在系统默认的物性集中，则需要设置新的物性参数集，如若需要查看物流的 pH 值，则需要点击"New"，设置一个新的物性集"PS–1"（图 4.33）。限定所选物性如图 4.34 所示。

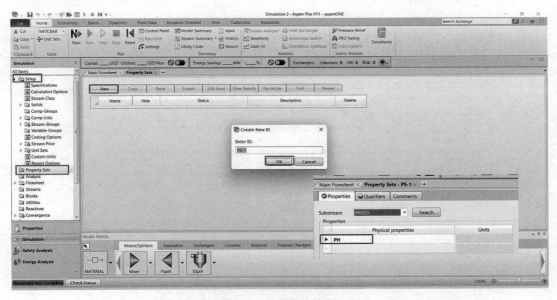

图 4.33　新建物性集

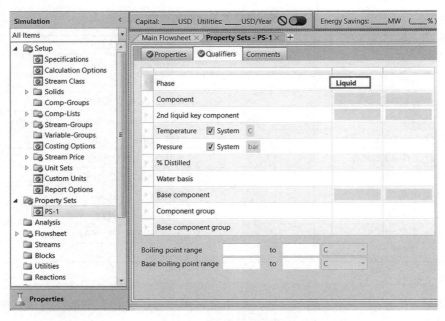

图 4.34　限定所选物性

（2）输出报告选项。

物性集的输出需要在输出报告中设置。选择要输出的物性，完成后，重新运行模拟，点击进入"Setup → Report Options → Stream"界面，点击"Property Sets"即可在结果栏中显示对应的物性参数（图4.35）。

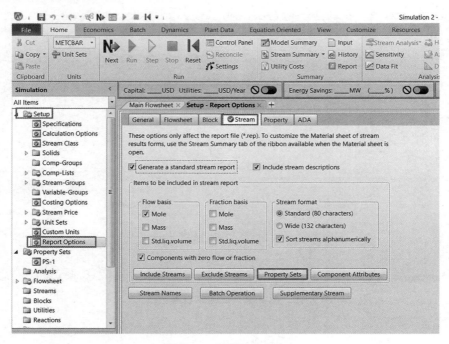

图 4.35　设置输出报告

5. 物性分析

Aspen Plus 为用户提供了物性分析（Property Analysis）功能，主要用来生成简单的物性图表，验证物性模型和数据的准确性。

物性分析中可以提供的图表主要分为以下 3 种：

（1）纯组分（Pure），计算随温度和压力变化的纯组分物性，如蒸汽压对于温度变化的关系图。

（2）二元物系（Binary），生成二元体系相图，如 T–x–y、P–x–y 相图或者混合 Gibbs 能曲线。

（3）三元相图（Ternary），生成三元体系相图，如平衡曲线、三元混合物共沸点。

4.3　使用 Aspen Plus 进行过程模拟的应用实例

4.3.1　流体输送单元模拟

Aspen Plus 提供 6 种流体输送单元模块（Pressure Changers）：泵（Pump）、压缩机（Compr）、多级压缩机（Mcompr）、阀门（Valve）、管段（Pipe）、管线系统（Pipeline）。

1. 泵

（1）泵模块。

泵模块可以模拟实际生产中输送流体的各种泵，主要用于计算改变流体压力时所需的功率。可以处理单液相，也可用于特殊情形下的两相、三相计算，用于确定出口物流状态并计算液体密度。泵模块需要通过指定出口压力（Discharge pressure）、压力增量（Pressure increase）或压力比率（Pressure ratio）来计算所需功率，也能够通过指定功率（Power required）计算出口压力，还能通过采用特性曲线数据计算出口状态。泵模块可以用于模拟以下两种设备：

①泵，泵是将机械能转换成液体能量，用来给液体增压和输送液体的机械。

②水轮机（Turbine），水轮机是把水流的能量转换为旋转机械能的动力机械，它属于流体机械中的透平机械。

（2）泵模块连接。

泵模块连接示意图如图 4.36 所示。

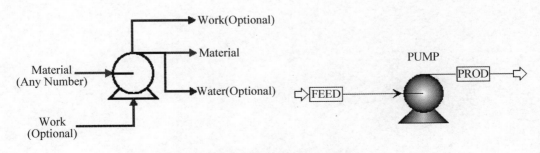

图 4.36　泵模块连接示意图

（3）泵模块参数。

泵模块的 5 种计算形式见表 4.10。

表 4.10　泵模块的 5 种计算形式

输入参数	输出结果
出口压力（Discharge pressure）	所需功率（Fluid power/Brake power）
压力增量（Pressure increase）	所需功率（Fluid power/Brake power）
压力比率（Pressure ratio）	所需功率（Fluid power/Brake power）
指定功率（Power required）	出口压力（Discharge pressure）
特性曲线（Use performance curve to determine discharge conditions）	所需功率（Fluid power/Brake power）

常用参数指定：出口压力、压力增量、压力比率和指定功率。

（4）泵特性曲线。

例 4.2　一泵输送流率为 100kmol/h 的苯，苯的压力为 100kPa，温度为 40℃。泵的效率是 60%，电动机的效率是 90%，泵特性曲线数据见表 4.11。计算泵的出口压力、提供给流体的功率及泵所需要的轴功率各是多少？物性方法采用 RK-SOAVE。

表 4.11　泵特性曲线数据

名称	数据			
流率（kmol/h）	20	10	5	3
扬程（m）	40	250	300	400

本例题模拟步骤如下：

①启动 Aspen Plus，进入"New"界面，选择"Chemicals with Metric Units"，新建一个文件，并保存为"例题 4.2-Pump.bkp"。进入"Components → Specifications → Selection"界面，输入"甲苯"。

②点击进入"Methods → Specifications → Global"界面，选择物性方法"RK-SOAVE"。

③点击选择"Go to Simulation Input Complete"，进入流程建立窗口，选择"Pressure Changers → Pump → ICON1"，建立流程图。

④点击进入"Streams → FEED → Input → Mixed"界面，进行进料"FEED"物流信息输入，进料温度 40℃，压力 100kPa，流量 100kmol/h（图 4.37）。

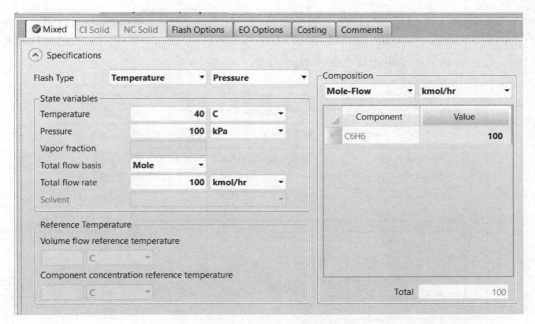

图 4.37　进料"FEED"物流信息输入

⑤点击进入"Blocks → PUMP → Setup → Specifications"界面,对泵模块进行参数输入(图 4.38)。

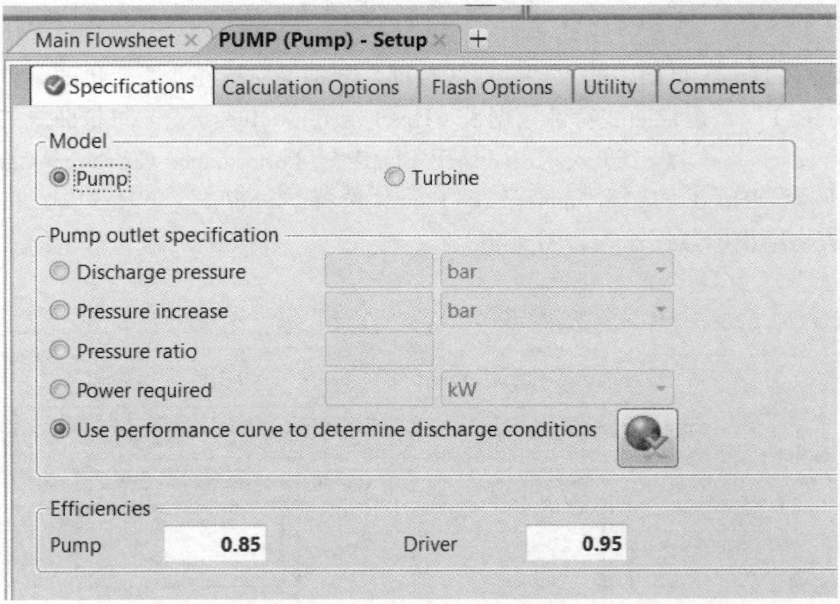

图 4.38　泵模块参数输入

泵特性曲线有 3 种输入方式,分别为列表数据(Tabular data)、多项式(Polynomials)和用户子程序(User subroutine)。特性曲线的数目有 3 个选项,分别为"操作转速下的单根曲线(Single curve at operating speed)""参考转速下的单根曲线(Single curve at

reference speed）"和"不同转速下的多条曲线（Multiple curves at different speeds）"。
点击进入"Blocks → PUMP → Performance Curves → Curve Setup"界面，本例题选择列表
数据，操作转速下的单根曲线（图4.39）。

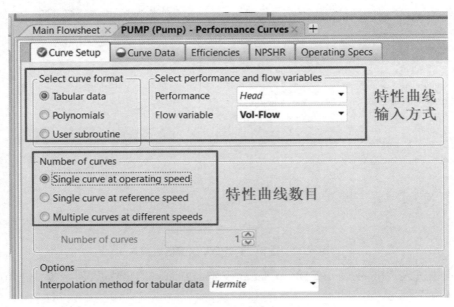

图4.39　特性曲线选择

在"Curve Data"页面中输入特性曲线数据，分别为"特性曲线变量的单位（Units of
curve variables）""每根曲线特性数据表（Head vs. flow tables）""每根曲线的对应转速
（Curve speeds）"。点击进入"Blocks → PUMP → Performance Curves → Curve Data"
界面，本例题"Head"选择"meter"，"Flow"选择"cum/hr"，"Head vs. flow tables"
按照题干表格给出的数据输入（图4.40）。

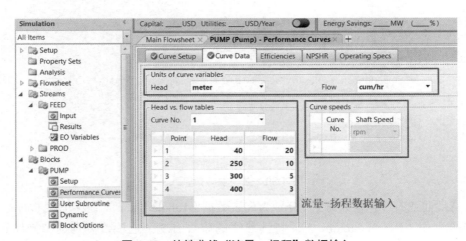

图4.40　特性曲线"流量－扬程"数据输入

若用户给出的为"流量 – 效率"数据，则进入"Blocks→PUMP→Performance Curves→Curve Setup"，在"Efficiencies"页面中输入效率数据（图 4.41）。

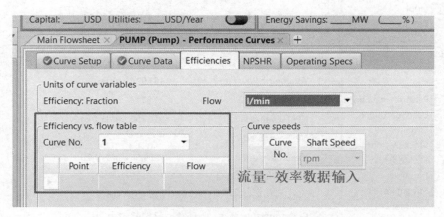

图 4.41　特性曲线"流量 – 效率"数据输入

点击"下一步"，运行模拟，点击进入"Streams→PROD→Results→Material"界面，查看泵的出口压力为 2281kPa（图 4.42）；点击进入"Blocks→PUMP→Results→Summary"界面，查看泵提供给流体的功率为 5.52kW，泵所需要的轴功率为 6.50kW（图 4.43）。

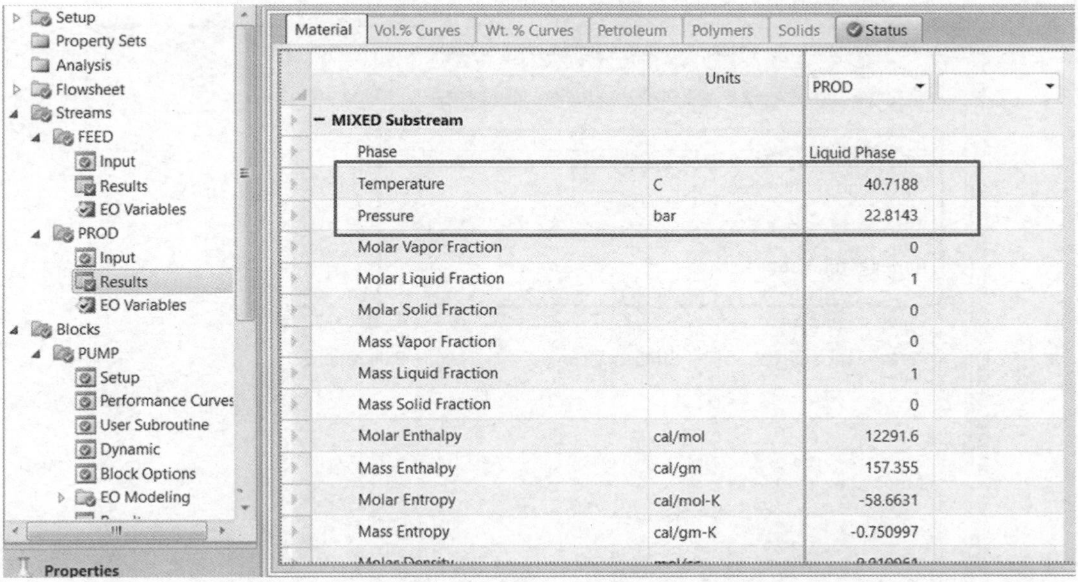

图 4.42　"PROD"物流结果查看

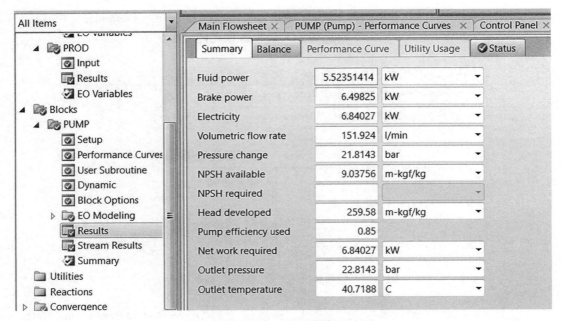

图 4.43　"PUMP" 模块结果查看

当泵的操作转速与特性曲线的转速不同时，还要输入操作转速数据（图 4.44）。

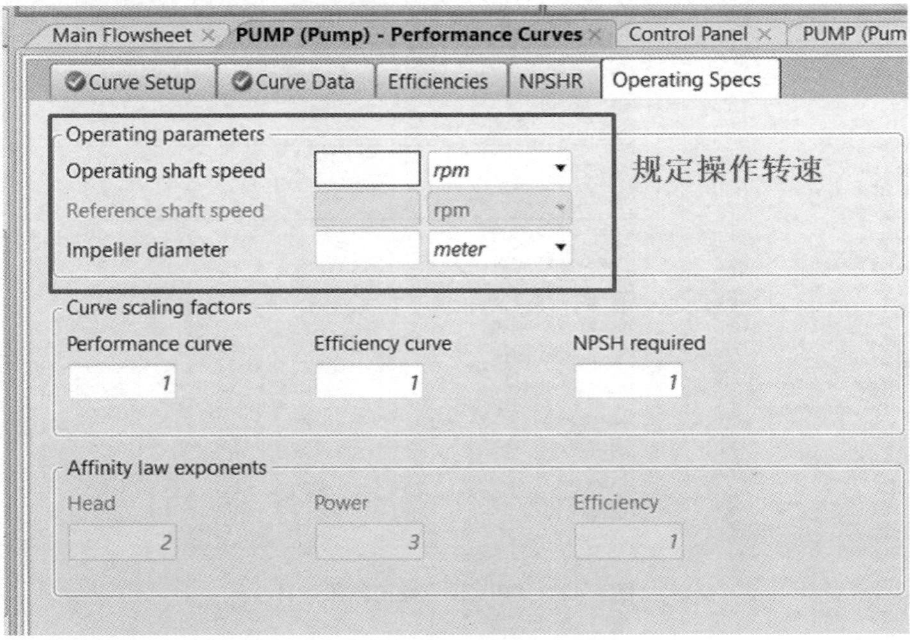

图 4.44　输入操作转速数据

若选用多项式表示特性曲线，数据输入如图 4.45 所示。

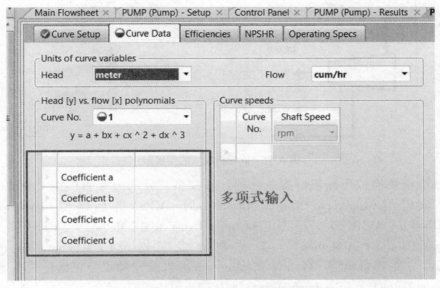

图 4.45　多项式特性曲线数据输入

汽蚀余量（NPSH）又称净正吸头，是表示汽蚀性能的主要参数。设计泵的安装位置时，应核算必需汽蚀余量（NPSHR，Net Positive Suction Head Required）：NPSHR ≈ 10−Hs (m)。其中，Hs 为允许吸上真空度，单位为 m。根据安装和流动情况可算出泵进口处的有效汽蚀余量（NPSHA，Net Positive Suction Head Available），在实际使用条件下，选择的泵应该满足如下条件：NPSHA ≥ 1.3NPSHR。必需汽蚀余量数据输入如图 4.46 所示。

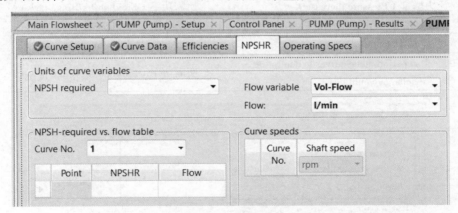

图 4.46　必需汽蚀余量数据输入

2. 压缩机

压缩机模块用于模拟 4 种单元设备，分别为多变离心压缩机（Polytropic Centrifugal Compressor）、多变正排量压缩机（Polytropic Positive Displacement Compressor）、等熵压缩机（Isentropic Compressor）以及等熵汽轮机（Isentropic Turbine）。

压缩机是将机械能转变为气体能量，用以给气体增压或输送气体的机械。按增压程度由低到高又可分为通风机、鼓风机和压缩机。压缩机模块的连接图如图 4.47 所示。

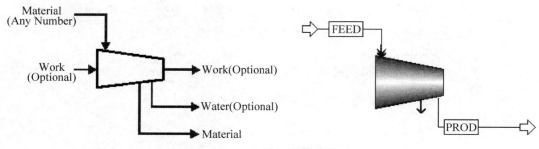

图 4.47　压缩机模块的连接图

　　压缩机模块模拟压缩机时提供 8 种计算模型，分别为等熵模型（Isentropic）、ASME 等 熵 模 型（Isentropic Using ASME Method）、GPSA 等 熵 模 型（Isentropic Using GPSA Method）、ASME 多 变 模 型（Polytropic Using ASME Method）、GPSA 多 变 模 型（Polytropic Using GPSA Method）、分 片 积 分 多 变 模 型（Polytropic Using Piecewise Integration）、正排量模型（Positive Displacement）以及分片积分正排量模型（Positive Displacement Using Piecewise Integration）。而压缩机模块模拟涡轮机时仅有 1 种计算模型，为等熵模型。压缩机模块常用参数指定为出口压力和指定功率，压缩机特性曲线数据见表 4.12，在 Aspen Plus 中压缩机模块参数设置如图 4.48 所示。

表 4.12　压缩机特性曲线数据

输入参数	输出结果
出口压力（Discharge pressure）	所需功率（Fluid power/Brake power）
压力增量（Pressure increase）	所需功率（Fluid power/Brake power）
压力比率（Pressure ratio）	所需功率（Fluid power/Brake power）
指定功率（Power required）	出口压力（Discharge pressure）
特性曲线（Use performance curves to determine discharge conditions）	所需功率（Fluid power/Brake power）

图 4.48　压缩机模块参数设置

压缩机的特性曲线有 4 种输入方式，分别为列表数据（Tabular data）、多项式（Polynomials）、扩展多项式（Extended polynomials）以及用户子程序（User subroutine）。特性曲线的数目有 3 个选项，分别为操作转速下的单根曲线（Single curve at operating speed）、参考转速下的单根曲线（Single curve at reference speed）以及不同转速下的多条曲线（Multiple curves at different speeds）。

3. 多级压缩机

多级压缩将气体的压缩过程分在若干级中进行，并在每级压缩之后将气体导入中间冷却器进行冷却。多级压缩机模块用于模拟 4 种单元设备，分别为多级多变压缩机（Multi-stage Polytropic Compressor）、多级多变正排量压缩机（Multi-stage Polytropic Positive Displacement Compressor）、多级等熵压缩机（Multi-stage Isentropic Compressor）以及多级等熵涡轮机（Multi-stage Isentropic Turbine）。泵特性曲线模型中英文对照见表 4.13。

表 4.13　泵特性曲线模型中英文对照

计算模型	英文对照
等熵模型	Isentropic
ASME 等熵模型	Isentropic Using ASME Method
GPSA 等熵模型	Isentropic Using GPSA Method
ASME 多变模型	Polytropic Using ASME Method
GPSA 多变模型	Polytropic Using GPSA Method
正排量模型	Positive Displacement

多级压缩机的特性曲线有 3 种输入方式，分别为列表数据（Tabular data）、多项式（Polynomials）以及用户子程序（User subroutine）。可以提供多张特性曲线表 (Maps)，每张表又可以有多条特性曲线。多级压缩机的每一级可以有多个叶轮（Wheels），可以为每个叶轮选用不同的特性曲线表、叶轮直径和比例因子（Scaling Factors）。

4. 阀门

阀门模块用来调节流体流经管路时的压降。阀门模块假定流动过程绝热，并将阀门的压降与流量系数关联起来，可确定阀门出口物流的热状态和相态。阀门计算类型分别为指定出口压力下的绝热闪蒸（Adiabatic Flash for Specified Outlet Pressure）、计算指定出口压力下的阀门流量系数（Calculate Valve Flow Coefficient for Specified Outlet Pressure）以及计算指定阀门的出口压力（核算方式）（Calculate Outlet Pressure for Specified Valve）。阀门模块需输入的参数有阀门类型（Valve Type）、厂家（Manufacturer）、系列 / 规格 （Series/Style）和等百分比流量 （Equal Percent Flow）、尺寸（Size）、阀门开度（Openning）。

5. 管段

管段计算等直径、等坡度的一段管道的压降和传热量。已知入口压力，管段可计算出口压力；已知出口压力，管段可计算入口压力并更新入口物流的参数。管段的模块参数（Pipe Parameters）有长度（Length）、直径（Diameter）、高度（Elevation）和粗糙度（Roughness）以及传热规定（Thermal Specification）中的恒温（Constant Temperature）、线性温度分布（Linear Temperature Profile）、绝热（Adiabatic）和热衡算（Perform Energy Balance）。

管件参数（Fittings）有连接形式（Connection Type）、管件数目（Number of Fittings）和其余当量长度（Miscellaneous L/D）。

6. 管线系统

管线系统用来模拟由多段不同直径或倾斜度的管段串联组成的管线。管线系统的模块参数有结构配置（Configuration），包括计算方向（Calculation Direction）、管段几何结构（Segment Geometry）、热选项（Thermal Options）、物性计算（Property Calculations）、管线流动基准（Pipeline Flow Basis）；连接状态（Connectivity）（串联管线中每个管段结构参数及管段间连接参数）；连接状态页面（Connectivity）。

4.3.2 换热器单元模拟

换热器是用来改变物流热力学状态的传热设备，如开水锅炉、水杯、冰箱、空调等，是许多工业部门广泛应用的通用工艺设备。通常，在化工厂的建设中，换热器约占总投资的 11% ~ 40%。换热器单元可以确定一股或多股进料物流的热力学性质，可以模拟加热器、冷却器、两股或多股物流换热器的性能，同时能产生加热或冷却曲线。其中，加热器/冷却器（Heater）模块可以改变一股物流的热力学状态，适用于加热器、冷却器、仅涉及压力的泵、阀门或压缩机；换热器（HeatX）模块可以模拟两股物流的换热过程，适用于管壳式换热器、空冷气、板式换热器；MheatX 可以模拟多股物流的换热过程，适用于 LNG 换热器等（本书不做介绍）。

1. Heater

Heater 模块用于模拟单股或多股物流，使其变成某一特定状态下的单股物流；也可通过设定条件来求已知物流的热力学状态。Heater 可以进行多种类型的单相或多相计算，如求已知物流的泡点或露点、求已知物流的过热或过冷的匹配温度、计算物流达到某一状态所需热负荷；模拟加热器/冷却器或换热器的一侧、泵、压缩机。

Heater 模块流程连接图如图 4.49 所示，Heater 模块物流连接见表 4.14。

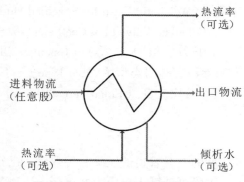

图 4.49　Heater 模块流程连接图

表 4.14　Heater 模块物流连接

物料流	热流
入口至少一股物料流	入口任意股热流可选的
出口一股物料流	出口一股热流可选的
一股水倾析物流可选的	—

Heater 模块有两组模型设定参数，包括闪蒸规定与有效相态（表 4.15）。其中，对于指定压力 (Pressure)，当指定值大于 0 时，代表出口的绝对压力值；当指定值小于等于 0 时，代表出口相对于进口的压力降低值。

表 4.15　Heater 模块参数设定

闪蒸规定（Flash Specifications）	有效相态（Valid Phase）
出口温度（Temperature）	蒸汽（Vapor-Only）
压力或压降（Pressure）	液体（Liquid-Only）
温度改变（Temperature Change）	固体（Solid-Only）
汽化分率（Vapor Fraction）	汽 – 液（Vapor-Liquid）
过热度（Degrees of Superheating）	汽 – 液 – 液（Vapor-Liquid-Liquid）
过冷度（Degrees of Subcooling）	液 – 游离水（Liquid-Freewater）
热负荷（Heatduty）	汽 – 液 – 游离（Vapor-Liquid-Freewater）

Heater 常用的闪蒸规定组合有压力(或压降)与出口温度、压力(或压降)与热负荷(入口热流率)、压力（或压降）与汽化分率、压力（或压降）与温度改变、压力（或压降）与过冷度（过热度）、出口温度（或温度改变）与热负荷、出口温度（或温度改变）与汽化分率。

2. HeatX

HeatX 模块用于模拟两股物流逆流或并流换热时的热量交换过程，可对大多数类型的双物流换热器进行简捷计算或详细计算。常用于模拟常见结构的管 – 壳式换热器有逆流 / 并流（Countercurrent/Cocurrent）、壳程采用折流板（Segmental Baffle in Shell）、壳程采用棍式挡板（Rod Baffle in Shell）以及裸管 / 低翅片管（Bare/Low-finned Tubes）。HeatX 模块流程连接图如图 4.50 所示。

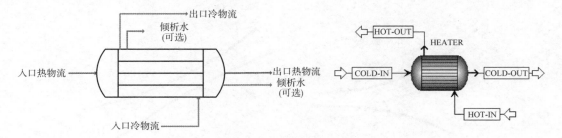

图 4.50　HeatX 模块流程连接图

HeatX 模块的模型设定参数从"Specification"页面进行操作，有 4 组设定参数，分别为计算类型（Calculation）、流动方式（Flow Arrangement）、运算模式（Type）以及换热器设定（Exchanger Specification）。"Calculation"栏中的5个选项为简捷计算（Short-cut）、详细计算（Detailed）、管壳式换热器计算（Shell&Tube）、空冷器计算（AirCooled）以及板式换热器计算（Plate Heat Exchangers）。流动方式设定包括热流体（Hot Fluid）流动方式和流动方向（Flow Direction）。

下列6点可作为选择换热器中流体走管程还是壳程的一般原则：

（1）不洁净或易结垢的液体宜在管程，方便清洗。

（2）腐蚀性流体宜在管程，以免管束和壳体同时受到腐蚀。

（3）压力高的流体宜在管内，以免壳体承受压力。

（4）饱和蒸汽宜走壳程，饱和蒸汽较清洁，表面传热系数与流速无关，且冷凝液易排出。

（5）流量小而黏度大的流体一般以壳程为宜。

（6）需要被冷却的物料一般选壳程，便于散热。

"Type"选择框中有3个选项，分别为设计（Design）、核算（Rating）和模拟（Simulation）。

"Calculation"与"Type"两组选项按下述方式配合使用，其中详细计算只能与"核算"或"模拟"选项配合。详细计算可根据给定的换热器几何结构和流动情况计算实际的热面积、传热系数、对数平均温度校正因子和压降。

使用"核算"选项时，模块根据设定的换热要求计算需要的换热面积。

使用"模拟"选项时，模块根据实际的换热面积计算两股物流的出口状态。

换热器闪蒸规定包括如下13个选项：

（1）热物流出口温度（Hot Stream Outlet Temperature）。

（2）热物流出口（相对于热物流入口）温降（Hot Stream Outlet Temperature Decrease）。

（3）热物流出口温差（Hot Stream Outlet Temperature Approach）。

（4）热物流出口过冷度（Hot Stream Outlet Degrees Subcooling）。

（5）热物流出口蒸汽分率（Hot Stream Outlet Vapor Fraction）。

（6）冷物流出口温度（Cold Stream Outlet Temperature）。

注意：对于并流或者逆流换热而言，热物流出口温差的表示方法是不同的（图4.51）。

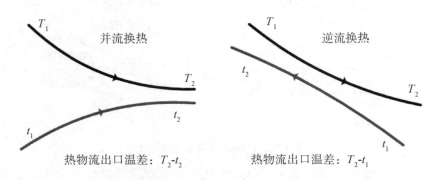

图4.51 并流和逆流换热中热物流出口温差的表示方法

（7）冷物流出口（相对于冷物流入口）温升（Cold Stream Outlet Temperature Increase）。

（8）冷物流出口温差（Cold Stream Outlet Temperature Approach）。

（9）冷物流出口过热度（Cold Stream Outlet Degrees Superheat）。

（10）冷物流出口蒸汽分率（Cold Stream Outlet Vapor Fraction）。

（11）传热面积（Heat Transfer Area）。

（12）热负荷（Exchanger Duty）。

（13）几何条件（Geometry）（详细计算时采用）。

HeatX 模块可对大多数类型的双物流换热器进行简捷或严格的计算。简捷法总是采用用户规定的或缺省的总的传热系数值；严格法则采用膜系数的严格热传递方程，并能合并由壳侧和管侧膜带来的管壁阻力，以计算总的传热系数，用这种方法时，用户需要知道其几何尺寸。

严格法要求对 HeatX 模块提供较多的规定选项，因此也需要较多的输入，用户可以通过改变缺省的项来控制整个计算过程。计算变量选项包括 LMTD 对数平均温差校正因子、U-methods 传热系数、Film Confficients 膜系数和 Pressure Drop 压降等。表 4.16 列出了计算变量与计算方法对应关系。

表 4.16　计算变量与计算方法对应关系

变量	计算方法	简捷法使用准则	严格法使用准则
LMTD 对数平均温差校正因子	常数（Constant）（由用户指定校正系数，也可查手册）	Default	Yes
	几何尺寸（Geometry）	No	Default
	用户子程序（User-subroutine）	No	Yes
	计算法（Calculated）	多管程时可用	多管程时可用
U-methods 传热系数	常数（Constant U Value）	Yes	Yes
	相态法（Phase Specific Values）	Default	Yes
	幂函数（Power Lawex Pression）	Yes	Yes
	换热器几何尺寸（Exchanger Geometry）	No	Default
	膜系数（Film Confficients）	No	Yes
	用户子程序（User-subroutine）	No	Yes
Film Confficients 膜系数	常数（Constant U Value）	No	Yes
	相态法（Phase Specific Values）	No	Yes
	幂函数（Power Law Expression）	No	Yes
	由几何尺寸计算（Calculate from Geometry）	No	Default
Pressure Drop 压降	由出口压力计算（Outlet Pressure）	Default	Yes
	由几何尺寸计算（Calculate from Geometry）	No	Default

注意：LMTD 对数平均温差校正因子、Film Confficients 膜系数的计算方法中的相态法需要分别指定冷热两侧不同相态组合下的传热系数。对于压降，当指定热侧和冷侧的出口压力（Outlet Pressure）时，若指定值大于 0，代表出口的绝对压力值；若指定值小

于等于 0，代表出口相对于进口的压力降低值。

HeatX 模块的详细计算需输入换热器的几何结构参数，以管壳式换热器为例，包括壳程（Shell）、管程（Tubes）、管翅（Tubefins）、挡板（Baffles）和管嘴（Nozzles）等。

壳程表单中允许用户对以下参数进行设置：

（1）壳程类型（TEMA Shell Type）。

（2）管程数（No. of Tube Passes）。

（3）换热器方位（Exchanger Orientation）。

（4）密封条数（Number of Sealing Strippairs）。

（5）管程流向（Direction of Tubeside Flow）。

（6）壳内径（Inside Shell Diameter）、壳/管束间隙（Shell to Bundle Clearance）。

（7）串联壳程数（Number of Shells in Series）。

（8）并联壳程数（Number of Shells in Parallel）。

管程表单中允许用户对以下参数进行设置：

（1）管类型（Select Tube Type）：裸管（Bare Tube）、翅片管（Finned Tube）。

（2）管程布置（Tube Layout）：总管数（Total Number）、管长（Length）、排列方式（Pattern）、管心距（Pitch）、材料（Material）、导热系数（Conductivity）。

（3）管子尺寸（Tubesize）（实际尺寸或公称尺寸设定）。

其中，实际尺寸（Actual）包括内径（Inner Diameter）、外径（Outer Diameter）和厚度（Tube Thickness）；公称尺寸（Nominal）包括直径（Diameter）和 BWG 规格（Birmingham Wire Gauge）。对于翅片管，还需从管翅中输入的参数有翅片高度（Fin Height）［包括翅片高度（Fin Height）和翅片根部平均直径（Finroot Mean Diameter）］、翅片间距（Finspacing）［包括翅片数/单位长度（Number of Fins/Unit Length）和翅片厚度（Fin Thickness）］以及可选项（Optional）［包括翅化面积与管内面积之比（Ratio of Finned Area to Inside Tube Area）和翅片效率（Fin Efficiency）］。

挡板中有两种挡板结构可供选用：圆缺挡板（Segmental Baffle）和棍式挡板（Rod Baffle）。

圆缺挡板需输入以下参数：

（1）所有壳程中的挡板总数（No. of Baffles, All Passes）。

（2）挡板圆缺率（Bafflecut Fraction of Shell Diameter）。

（3）管板到第一挡板间距（Tube Sheet to 1st Baffle Spacing）。

（4）挡板间距（Baffle to Baffle Spacing）。

（5）最后挡板与管板间距（Last Baffle to Tubesheet Spacing）。

（6）壳壁/挡板间隙（Shell-baffle Clearance）。

（7）管壁/挡板间隙（Tube-baffle Clearance）。

注意：安装折流挡板是为了提高管外表面传热系数，为取得良好的效果，挡板的形状和间距必须适当。

对圆缺挡板而言，弓形缺口的大小对壳程流体的流动情况有重要的影响。弓形缺口太大或太小都会产生"死区"，既不利于传热，又会增加流体阻力。

挡板的间距对壳体的流动也有重要的影响。间距太大，不能保证流体垂直流过管束，使管外表面传热系数下降；间距太小，不便于制造和检修，阻力损失也大。一般取挡板间距为壳体内径的 0.2~1.0 倍。

棍式挡板需输入以下参数：

（1）所有壳程中的挡板总数（No. of Baffles，All Passes）。

（2）圆环内径（Inside Diameter of Ring）。

（3）圆环外径（Outside Diameter of Ring）。

（4）支撑棍直径（Support Rod Diameter）。

（5）每块挡板的支撑棍总长（Total Length of Support Rods per Baffle）。

管嘴表单中允许用户对以下参数进行设定：

（1）壳程管嘴直径（Enter Shellside Nozzle Diameters）：进口管嘴直径（Inet Nozzle Diameter）、出口管嘴直径（Outlet Nozzle Diameter）。

（2）管程管嘴直径（Enter Tubeside Nozzle Diameters）：进口管嘴直径（Inlet Nozzle Diameter）、出口管嘴直径（Outlet Nozzle Diameter）。

运算完毕后，可以在"Blocks →换热器→ Thermol Result → Summary"界面上查看换热器结果，主要包括热/冷物流出口温度、热/冷物流出口压力、热/冷物流出口汽化率、换热器热负荷。

更为详细的换热器计算结果需要在"Blocks → Heater → Thermol Result → Exchanger Details"界面查看。

4.3.3　分离单元模拟

1. 简单分离器

简单分离器包括闪蒸器、液 – 液分相器及组分分离器等模块（表 4.17）。

表 4.17　简单分离器介绍

模块	说明	功能	适用对象
Flash2	两相闪蒸器	用严格汽 – 液平衡或汽 – 液 – 液平衡，把进料分成两股出口物流	闪蒸器、蒸发器、分液罐
Flash3	三相闪蒸器	用严格汽 – 液 – 液平衡，把进料分成三股出口物流	分相器、有两个液相的单级分离器
Decanter	液 – 液分相器	把进料分成两股液相出口物流	分相器、有两个液相而无气相的单级分离器
Sep	组分分离器	根据规定的组分流率或分率，把入口物流分成多股出口物流	组分分离操作，不考虑分离过程，如蒸馏和吸收
Sep2	两出口组分分离器	根据规定的流率、分率或纯度，把入口物流分成两股出口物流	组分分离操作，不考虑分离过程，如蒸馏和吸收

（1）两相闪蒸器（Flash2）。

Flash2 模块的模型参数有闪蒸设定（Flash Specifications）（需要规定温度、压力、气相分率、热负荷这 4 个参数中的任意两个）、有效相态（Valid Phase）［（汽 – 液相

（Vapor–Liquid）、汽 – 液 – 液相（Vapor–Liquid–Liquid）、汽 – 液 – 游离水相（Vapor–Liquid–Free Water）、汽 – 液 – 污水相（Vapor–Liquid–Dirty Water）]和液沫夹带（Liquid Entrainment in Vapor Stream）（液相被带入汽相中的分率）。

（2）三相闪蒸器（Flash3）。

Flash3 可进行给定热力学条件下的汽 – 液 – 液平衡计算，出口产品为一股气相和两股液相。Flash3 模块的模型参数有闪蒸设定（需要规定温度、压力、气相分率、热负荷这 4 个参数中的任意两个）、关键组分（Key Component）（指定关键组分后，含关键组分多的液相作为第二液相，否则默认密度大的液相为第二液相）和液沫夹带（需要分别设定两个液相被夹带入汽相中的分率）。

2. 精馏塔的简捷设计模块

精馏塔的简捷设计模块（DSTWU）是多组分精馏的简捷设计模块，是用于计算仅有一股进料和两股产品的简单精馏塔。DSTWU 模块用 Winn–Underwood–Gilliland 方法进行精馏塔的简捷设计计算。

通过 Winn 方程计算最小理论板数，使用 Underwood 方程计算最小回流比，根据 Gilliland 关联图确定操作回流比下的理论板数或一定理论板数下所需要的回流比。

DSTWU 模块计算精度不高，常用于初步设计，当存在共沸物时，计算结果可能会出现错误，DSTWU 模块的计算结果可为严格精馏计算提供合适的初值。

DSTWU 模块的 4 组模块设定参数分别为塔设定（Column Specifications）[包括塔板数（Number of Stages）和回流比（Reflux Ratio），回流比与理论板数仅允许规定一个。选择规定回流比时，输入值大于 0，表示实际回流比；输入值小于 –1，其绝对值表示实际回流比与最小回流比的比值]、关键组分回收率（Key Component Recoveries）[包括轻关键组分（Light Key）、重关键组分（Heavy Key）]、压力（Pressure）和冷凝器设定（Condenser Specifications）。

DSTWU 模块的模拟结果可给出：

（1）最小回流比（Mimimum Reflux Ratio）。

（2）最小理论板数（Mimimum Number of Stages）。

（3）实际回流比（Actual Reflux Ratio）。

（4）实际理论板数（Number of Actual Stages）。

（5）进料位置（ Feed Stage）。

（6）冷凝器负荷（Condenser Cooling Required）。

（7）再沸器负荷（Reboiler Heating Required）。

DSTWU 模块有两个计算选项：

（1）回流比随理论板数变化表："Blocks → DSTWU → Input → Calculation Options"下的"Generate Table of Reflux Ratio vs Number of Theoretical Stages"选项。

（2）计算等板高度："Blocks → DSTWU → Input → Calculation Options"下的"Calculate HETP"选项。

回流比随理论板数变化表对选取合理的理论板数很有参考价值。在"实际回流比对理论板数（Table of Actual Reflux Ratio vs Number of Theoretical Stages）"一栏中输入要分析的理论板数的初始值（Initial Number of Stages）、终止值（Final Number of Stages），并输入理论板数变化量（Increment Size for Number of Stages）或者要分析的理论板数个数（Number of Values in Table），据此可以计算出不同理论板数下的回流比（Reflux Ratio Profile），并可以绘制回流比 – 理论板数关系曲线。

3. 精馏塔的简捷校核模块

精馏塔的简捷校核模块（Distl）模块可对带有一股进料和两股产品的简单精馏塔进行简捷校核计算，此模块用 Edmister 方法计算精馏塔的产品组成。

Distl 模块的"Specifications"页面有两组模块设定参数：

（1）塔设定（Column Specifications），包括理论板数（Number of Stages）、进料位置（Feed Stage）、回流比（Reflux Ratio）、塔顶产品与进料的摩尔流率比（Distillate to Feed Mole Ratio）、冷凝器形式（Condenser Type）。

（2）压力设定（Pressure Specifications），包括冷凝器压力、再沸器压力。

Distl 模块的"Results"页面给出冷凝器热负荷（Condenser Duty）、再沸器热负荷（Reboiler Duty）、进料板温度（Feed Stage Temperature）、塔顶温度（Top Stage Temperature）、塔底温度（Bottom Stage Temperature）。

参考文献

[1] 李清宇. 基于物联网的智慧化工园区系统的设计与实现 [D]. 济南：山东大学，2021.

[2] 李越男. 基于云计算的化工行业 ERP 系统设计与实现 [D]. 沈阳：沈阳理工大学，2021.

[3] 方利国. 计算机在化学化工中的应用 [M]. 4 版. 北京：化学工业出版社，2019.

[4] 孙兰义. 化工过程模拟实训——Aspen Plus 教程 [M]. 北京：化学工业出版社，2017.

[5] 熊杰明，李江保. 化工流程模拟 Aspen Plus 实例教程 [M]. 北京：化学工业出版社，2015.